教育部　　财政部职业院校教师素质提高计划职教师资培养资源开发项目
应用电子技术教育专业职教师资培养资源开发(VTNE026)

应用电子技术专业教学法

主　编　汪鲁才

副主编　谢枚宏　胡　钉　孙静晶

U0740553

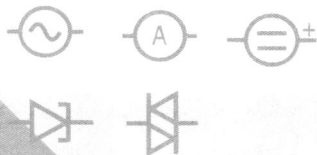

湖南师范大学出版社

图书在版编目（CIP）数据

应用电子技术专业教学法 / 汪鲁才主编. —长沙：湖南师范大学出版社，2020.12

ISBN 978-7-5648-3969-7

Ⅰ.①应… Ⅱ.①汪… Ⅲ.①电子技术—教学法—中等专业学校—教材 Ⅳ.①TN-42

中国版本图书馆 CIP 数据核字（2020）第 174584 号

应用电子技术专业教学法

Yingyong Dianzi Jishu Zhuanye Jiaoxuefa

汪鲁才　主编

◇责任编辑：胡艳晴
◇责任校对：胡晓军
◇出版发行：湖南师范大学出版社
　　　　　　地址/长沙市岳麓山　邮编/410081
　　　　　　电话/0731-88873071　88873070　传真/0731-88872636
　　　　　　网址/http：//press. hunnu. edu. cn
◇经销：新华书店
◇印刷：湖南省美如画彩色印刷有限公司
◇开本：710 mm×1000 mm　1/16
◇印张：10
◇字数：165 千字
◇版次：2020 年 12 月第 1 版
◇印次：2020 年 12 月第 1 次印刷
◇书号：ISBN 978-7-5648-3969-7
◇定价：40.00 元

如有印装质量问题，请与承印厂调换。

出版说明

《国家中长期教育改革和发展规划纲要（2010—2020年）》颁布实施以来，我国职业教育进入加快构建现代职业教育体系、全面提高技能型人才培养质量的新阶段。加快发展现代职业教育，实现职业教育改革发展新跨越，对职业学校"双师型"教师队伍建设提出了更高的要求。为此，教育部明确提出，要以推动教师专业化为引领，以加强"双师型"教师队伍建设为重点，以创新制度和机制为动力，以完善培养培训体系为保障，以实施素质提高计划为抓手，统筹规划，突出重点，改革创新，狠抓落实，切实提升职业院校教师队伍整体素质和建设水平，加快建成一支师德高尚、素质优良、技艺精湛、结构合理、专兼结合的高素质专业化的"双师型"教师队伍，为建设具有中国特色、世界一流水平的现代职业教育体系提供强有力的师资保障。

目前，我国共有60余所高校正在开展职教师资培养，但由于教师培养标准的缺失和培养课程资源的匮乏，制约了"双师型"教师培养质量的提高。为完善教师培养标准和课程体系，教育部、财政部在"职业院校教师素质提高计划"框架内专门设置了职教师资培养资源开发项目，中央财政划拨1.5亿元，系统开发用于本科专业职教师资培养标准、培养方案、核心课程和特色教材等系列资源。其中，包括88个专业项目、12个资格考试制度开发等公共项目。该项目由42家开设职业技术师范专业的高等学校牵头，组织近千家科研院所、职业学校、行业企业共同研发，一大批专家学者、优秀校长、一线教师、企业工程技术人员参与其中。

经过三年的努力，培养资源开发项目取得了丰硕成果。一是开发了中等职业学校88个专业（类）职教师资本科培养资源项目，内容包括专业教师标准、专业教师培养标准、评价方案以及一系列专业课程大纲、主干课程教材及数字化资源；二是取得了6项公共基础研究成果，内容包括职教师资培养模式、国际职教师资培养、教育理论课程、质量保障体系、教学资源中心建设和学习平台开发等；三是完成了 18 个专业大类职教师资资格标准及认证考试标准开发。上述成果，共计 800 多本正式出版物。总体来说，培养资源开发项目实现了高效益：形成了一大批资源，填补了相关标准和资源的空白；凝聚了一支研发队伍，强化了教师培养的"校—企—校"协同；引领了一批高校的教学改革，带动了"双师型"教师的专业化培养。职教师资培养资源开发项目是支撑专业化培养的一项系统化、基础性工程，是加强职教教师培养培训一体化建设的关键环节，也是对职教师资培养培训基地教师专业化培养实践、教师教育研究能力的系统检阅。

自 2013 年项目立项开题以来，各项目承担单位、项目负责人及全体开发人员做了大量深入细致的工作，结合职教教师培养实践，研发出很多填补空白、体现科学性和前瞻性的成果，有力推进了"双师型"教师专门化培养向更深层次发展。同时，专家指导委员会的各位专家以及项目管理办公室的各位同志，克服了许多困难，按照两部对项目开发工作的总体要求，为实施项目管理、研发、检查等投入了大量时间和心血，也为各个项目提供了专业的咨询和指导，有力地保障了项目实施和成果质量。在此，我们一并表示衷心的感谢。

编写委员会

2018 年 3 月

目　录

第一章　应用电子技术专业人才培养标准 ·························（1）

　　一、应用电子技术专业人才培养的现状和特点 ···········（1）

　　二、应用电子技术专业人才培养标准分析 ···············（4）

　　三、中等职业学校应用电子技术专业人才培养标准案例分析 ······（5）

第二章　应用电子技术专业的课程体系及教学特点 ···········（14）

　　一、应用电子技术专业的课程体系 ······················（14）

　　二、应用电子技术专业的人才培养方案和教学特点 ·······（15）

　　三、课堂拓展：对某门专业课程及其教学特点进行分析 ···········（17）

第三章　应用电子技术专业教材 ······················（27）

　　一、应用电子技术专业教材特点 ······················（27）

　　二、应用电子技术专业教材编写 ······················（28）

　　三、应用电子技术专业教材分析 ······················（30）

第四章　应用电子技术专业教学资源开发 ···············（39）

　　一、应用电子技术专业教学资源分类和特点 ···········（39）

　　二、应用电子技术专业教学资源开发途径 ···············（40）

　　三、应用电子技术专业教学资源的开发内容 ···········（42）

第五章　应用电子技术专业的教学方法 ···············（53）

　　一、中等职业教育教学方法的体系构成 ···············（53）

　　二、应用电子技术专业选择教学方法的依据 ···········（58）

　　三、两种新型教学方法在应用电子技术专业教学中的应用 ···········（59）

第六章　应用电子技术专业的教学设计和说课活动 ···········（70）

　　一、教学设计的原则 ································（70）

二、教学设计的主要内容 ………………………………………（71）

三、教学过程设计 ………………………………………………（77）

四、备课 …………………………………………………………（78）

五、课堂拓展：选取"电工技术基础"课程中的一个内容设计一份
　　教案 …………………………………………………………（78）

六、说课的内容与要求 …………………………………………（85）

七、应用电子技术专业说课演示 ………………………………（88）

第七章　应用电子技术专业的教学组织 ………………………（98）

一、理论课程的教学组织 ………………………………………（98）

二、实训课的教学组织 …………………………………………（101）

三、课堂拓展：学生进行理论教学与实训教学的演练 ………（103）

第八章　应用电子技术专业的教学评价 ………………………（125）

一、评价的类型与功能 …………………………………………（125）

二、应用电子技术专业教学评价的标准 ………………………（129）

参考文献 …………………………………………………………（151）

后　记 ……………………………………………………………（152）

第一章　应用电子技术专业人才培养标准

中等职业学校应用电子技术专业人才培养标准是指导中等职业学校应用电子技术专业人才培养的根本，它既满足了当代社会对应用电子技术专业人才的需求，又规划了中等职业学校应用电子技术专业人才培养目标。中等职业学校应用电子技术专业教师掌握和理解该专业人才培养标准，有利于在人才培养过程中把握正确的人才培养方向，提高自身的职业素养。

一、应用电子技术专业人才培养的现状和特点

作为中职学校应用电子技术专业的教师，首先应知晓该专业人才培养的现状和特点，并掌握该专业的人才培养标准及其制定方法。

（一）应用电子技术专业人才培养现状

1. 师资数量不足

中职学校应用电子技术专业现有的职教师资数量不足，特别是"双师型"教师数量缺口较大、专业素质不高、培养培训体系薄弱，还不能完全适应新时期加快发展现代职业教育的需要，与建设现代职业教育体系、全面提高技能型人才培养质量的要求还有一定差距。由于应用电子技术专业具有一定的特殊性，专业能力强的人从事职业教育的不多，因此师资的数量有待进一步增加。

另外，教师的编制数量不够是目前制约师资队伍壮大的关键因素之一。上级主管部门以及人事部门将学校的用人自主权、聘任权收紧，导致学校很难从实际需求出发，充实师资队伍。经常出现的一个状况就是，学校想引进的人进不了，而经常要接收学校本已富余的教师类型。

2. 师资专业素质有待提高，专业技能有待加强

职教教师的专业能力与专业素质直接决定了教育教学质量。从整体上说，应用电子技术教育专业职教教师的专业素质与技能还有待进一步提高。

要继续强化应用电子技术专业教师的在职进修与培训工作，强化教师的专业知识与专业技能。

此外，要不断改进应用电子技术专业职教师资的培养模式。在现行的培养模式下，学生的专业知识可能满足从教后的需求，但其实践技能与专业教师的要求有一定的差距，要进一步强化教师的实践技能。

3. 教师管理制度有待进一步健全

从我国职业教育发展全局来看，目前教师资格、职务（职称）、编制等制度改革取得了实质性进展，培养培训制度全面加强，人事分配制度改革进一步深化，满足教师专业化发展要求的管理制度全面建立。然而，目前职业院校教师的职称评审都参照普通教育教师系列的评审标准，导致出现了一些不切实际的评审条件，评审标准体系没有体现职业院校教师的工作特点与成果特征，需要进一步健全教师管理制度，以调动教师工作的积极性。

4. 教师社会地位较低，普遍缺乏职业幸福感

近年来，部分政策，如中等职业教育免学费政策等，在某种程度上推动了中职教育的发展，但是，中等职业教育的发展空间仍然较为狭窄，发展环境的不利抵消了新政策的红利，教师社会地位较低、职业幸福感缺乏的现象较为普遍。造成教师社会地位低的主要原因是教师待遇较低，社会对职业教育存在偏见等。引起幸福感缺失的原因是多方面，比如：待遇低；招生压力大，缺乏安全感；学生基础与素质不高，教学效果不明显；工作压力大，教学任务繁重；等等。其中，"学生不好教"是被访谈教师公认的最大难题，而教师流露出的安全感缺乏则是目前职业教育发展面临困境的深刻折射，必须予以重视。

5. 教师来源结构不尽合理，企业技术人员引进困难

从教师来源结构来看，大多数应用电子技术专业职教教师均来自高校毕业生，难以引进有企业经验、了解应用电子技术最新发展潮流的企业人员。造成这一问题的原因在于：一是与企业相比，学校能够提供的薪酬待遇差距较大，难以吸引企业顶尖技术人才；二是职业院校人才引进的标准由人事部门掌握，学校的自主权较小，企业技能人才很难适应这种统一的标准，因此出现企业技术人员引进困难的状况。

虽然目前国家出台了相应的引进企业兼职教师的办法与规定，但是，从实际情况来看，这一政策实施的效果并不理想，主要问题是难以落到实处，缺乏评价机制，学校很难通过这一政策聘用到合适的兼职教师。

应用电子技术专业教师人才队伍不稳定、教师入职标准规范性不够、教师继续教育机会不足、各校名师数量普遍不多等问题，具有一定的普遍性，值得我们在加强职教师资队伍建设的过程中引起重视，有针对性地改善。

6. 中职学校生源质量不高

由于社会对职业教育的认知偏见，优秀的初中毕业生几乎不会去就读中等职业高中学校。因此，中等职业高中学校生源质量不佳。从调研的情况来看，中职学生中，三分之一的学生根本不学习，三分之一的学生随大流，只有剩下三分之一的学生在学习。由于应用电子技术专业学习难度较大，需要的相关基础知识较多，学生学习的积极性受到了一定影响。

（二）应用电子技术专业人才培养的特点

电子信息技术飞速发展，应用电子技术专业人才的培养也必须适应时代发展的要求。因此，应用电子技术专业人才培养具有以下特性：

1. 实时性

新技术每隔 3~5 年就有更新，特别是与电子技术相关的信息技术更是发展迅速，把这些新的技术及时教给学生是非常重要的，因此，应用电子技术专业人才的培养具有实时性。要做到实时性，就要求所在学校具备这些新技术的实验设备、场地等硬件条件，也要求教师及时掌握这些新技术，以便教授给学生。

2. 前瞻性

在制定应用电子技术专业人才培养标准、规格等方面，要及时预见本专业的发展趋势，使课程、教材、实验设备等教学配套资源能够满足未来3~5 年专业发展的要求，以便学生毕业后顺利就业。

3. 成熟性

应用电子技术专业人才培养过程中的专业技术应该是成熟的技术，具备可靠性，可直接推广，而不是尚在研究中的新技术。

4. 延续性

新技术是建立在现有的应用电子技术基础上的，因此，新技术一定是对现有技术的延续。正因为这样，在人才培养过程中的新技术才不会是"空中楼阁"，学生掌握起来就更加扎实。

二、应用电子技术专业人才培养标准分析

作为电子技术专业的专业课教师，应充分理解人才培养标准的各个部分，为自己在教学过程（课程认知、教学设计、教学实施以及教学评价等）中的每个环节进行合理的资源配置，以达到最优的教学效果。

一般情况下，应用电子技术专业人才培养标准应该包括以下五个部分：培养目标、培养规格、课程体系、教学条件、教学评价等。

（一）培养目标

培养目标是指学校培养的学生毕业 5 年后经过自己努力应该达到的状态，包括学生的技术水平、学生的人文素养、学生的社会评价以及可预见的职业前景。因此，它一般限定从事的职业类型、人才类型。职业类型是指产品设计类、产品销售类、产品维修类以及生产管理类等类型；人才类型主要是指高级类型、中级类型、初级类型，或者复合型、双师型等类型。

中等职业学校的应用电子技术专业培养目标应该是培养从事电子产品生产、产品销售、产品检测和维修、生产辅助管理方面的中级专业人才。

（二）培养规格

培养规格是指学生毕业时应该达到的基本要求，包括人文素养方面的要求、专业知识方面的要求、专业技能方面的要求、英语和计算机水平方面的要求等。特别是在专业技能方面，应该拿到相应的职业资格证书。

中等职业学校应用电子技术专业的毕业生应该达到的标准有五个方面：①德、智、体全面发展，身心健康；②掌握电子技术专业知识；③掌握电子技术专业的实践技能；④计算机水平达到一定要求；⑤获取电工、电子产品维修等中级证书。

（三）课程体系

课程体系是人才培养标准中的关键部分。为了达到人才培养目标要求，建立相关的课程体系是非常必要的。

中等职业学校应用电子技术专业的课程体系可以看成三个平台课程的综合：素质培养平台课程、专业知识教育平台课程、专业技能训练平台课

程。后两个平台课程相互交叉，相互渗透。

（四）教学条件

教学条件是为了保证达到人才培养标准所要求的条件，它包括师资条件、教学场地条件、实验条件、实训实习条件以及实习基地条件等。

师资条件是指教师的数量、类型，以及教师的学缘结构、职称结构、年龄结构等。按照教育部要求，中等职业学校生师比在16：1较为合适。

教学场地条件包括普通教室数量、大小，多媒体教室数量，实验室场地大小，以及图书资料室场地、体育场地和设施等。

实验条件包括实验设备、实验器材、实验教材等。

实训实习条件包括实训实习场地大小、实训实习设备数量和完好率、实训实习教师数量和水平等。

实习基地条件包括实习的场所、实习计划、实习的工位、实习基地接待学生实习的能力、实习的管理等。

（五）教学评价

教学评价包括对专业教学质量的评价、对教师的评价和对学生的评价。

总之，熟知应用电子技术专业人才培养标准，可以明确人才培养规格、需要的培养条件，掌握应用电子技术专业人才培养的课程体系，可为后续的教学做好铺垫。

三、中等职业学校应用电子技术专业人才培养标准案例分析

以湖南省中等职业学校应用电子技术专业人才培养标准为例，该标准包含了培养目标、毕业基本要求、人才培养规格、课程体系、师资条件、实验实训条件、教学评价等要素，符合中职学校应用电子技术专业人才培养目标要求。

（一）人才培养标准中培养目标与规格

1. 培养目标

应用电子技术专业的培养目标是这样的：本专业面向电子产品生产、销售等企业一线岗位，培养与我国社会主义现代化建设要求相适应，德、智、体、美全面发展，具有良好职业道德、必要科学文化知识，从事电子产品生产、安装与调试、质量检测以及生产设备操作与保养等工作的高素

质劳动者和技术技能人才。

从上述培养目标来看，在制定专业人才培养目标时要把握三点：①培养的是技术技能人才；②专业定位是电子产品生产、产品销售、产品检测和维修、生产辅助管理；③德、智、体、美全面发展。这三点主要是规定了培养人才的类型、专业定位、专业要求和职业素养要求，它既有人才培养的具体指标要求，也有人才培养的抽象要求。把上述要求与毕业标准相结合，可以更好地把握专业人才培养目标。

2. 培养规格

应用电子技术专业的培养规格包含思想品德、科学文化、职业技能和身心素质四个方面，以此来界定和落实培养目标要求。

（1）思想品德。

思想品德对应的是培养目标中的"良好职业道德"，它落实在以下几点：爱国爱党；遵纪守法；践行社会主义核心价值观；爱劳动，爱职业，乐于奉献；人格健全，乐观向上；具有良好的安全意识；具有一定的创新意识。

（2）科学文化。

理解和掌握本专业的科学文化知识，可为人才的继续学习和终身发展奠定基础。这一点对应的是培养目标中的"必要科学文化知识"，它强调以下几点：具有基本的阅读能力、写作能力和口头交流能力；具有基本的计算机技术应用能力；具有基本的英文读写听说能力；具有身心健康知识和安全意识等。

（3）职业技能。

职业技能对应的是培养目标中的"从事电子产品生产、安装与调试、质量检测以及生产设备操作与保养等工作"，它主要体现在以下几点：具有电子产品的焊接、组装、调试、安装、维护等专业技能；具有电工仪表的使用和维护技能；具有电子控制系统的维护和技术服务技能；具有单片机产品的安装、调试及售后服务技能；具有电子产品检验、产品营销能力；具备信息检索、继续学习和一定的创新能力等。

（4）身心素质。

对应于培养目标中的高素质劳动者而言，它反映在以下几点：身体健康，能胜任本专业相关职业岗位工作；心理健康，具有健全的人格。

（二）人才培养标准中的课程体系

人才培养标准中的课程体系建设始终围绕人才培养目标和毕业标准来构建。本专业课程体系建设与专业课程设置，将工作岗位、岗位能力与相应的课程设置紧密联系在一起，有什么样的工作岗位，就有什么样的岗位能力要求，设置相应的专业课程才可以达到这些岗位要求的能力。

应用电子技术专业的课程体系结构包括公共课程、专业课程、拓展课程、顶岗实习和社会实践五个部分，紧跟专业培养目标和培养规格需要而制定。

1. 公共课程

公共课程主要包括语文、数学、英语、德育、公共艺术、体育与健康、计算机应用基础、培育和践行社会主义价值观等课程。

语文课程的主要任务是指导学生正确理解和运用祖国的语言文字，注重基本技能的训练和思维发展，加强语文实践，培养语文的应用能力，为培养高素质劳动者服务。

数学课程的主要任务是使学生掌握必要的数学基础知识，具备必需的相关技能与能力，为学习专业知识、掌握职业技能、继续学习和终身发展奠定基础。

英语课程的主要任务是使学生掌握一定的英语基础知识和基本技能，培养学生在日常生活和职业场景中的英语应用能力。

德育课程包括职业生涯规划、职业道德与法律、经济政治与社会、哲学与人生四门课程的内容。职业生涯规划课程的任务是引导学生树立正确的职业观念和职业理想，学会根据社会需要和自身特点进行职业生涯规划。职业道德与法律课程的任务是提高学生的道德素质和法律素质，引导学生增强社会主义法制意识。经济政治与社会课程的任务是使学生认同我国的政治、经济制度，了解所处的文化和社会环境，积极投入我国经济、政治、文化、社会建设。哲学与人生课程的任务是帮助学生运用辩证唯物主义和历史唯物主义的观点、方法，正确看待自然、社会的发展。

公共艺术课程的任务是使学生了解或者掌握不同艺术门类的基本知识、技能和原理，提高学生文化品位和审美素质。

体育与健康课程的任务是培养学生健康的人格、增强体能素质、提高综合职业能力，养成终身从事体育锻炼的意识、能力与习惯，提高生活质量。

计算机应用基础课程的任务是使学生掌握必备的计算机应用基础知识和基本技能，培养学生应用计算机解决工作和生活中的实际问题的能力。

培育和践行社会主义价值观课程的任务是引导学生树立正确的理想和人生价值观，自觉践行社会主义核心价值观，培养学生成为中国特色社会主义事业的合格建设者和可靠接班人。

可见，公共课程是为了达到培养规格中的思想品德、科学文化素养和身心素质等方面要求而开设的，是该专业的公共必修课程，它与培养目标中的职业道德和科学文化素养等指标相契合。

2. 专业课程

该专业的专业课程包括专业基本能力课程和岗位核心能力课程。专业基本能力课程包括电工技术基础及应用、模拟电子技术应用、数字电子技术应用、电子 CAD、专业英语等课程。岗位核心能力课程包括电子产品装配与调试、电子测量与仪器仪表的使用、电子产品生产工艺与设备、电子产品整机调试与维修等课程。

电工技术基础及其应用课程要求学生掌握电路元器件的识别与检测、电路基本物理量的认识与检测、交流电路的安装及简单的计算、安全用电常识、变压器的认知与拆装等，能进行电工基本技能操作，为后续课程的学习打下基础。

模拟电子技术应用课程要求学生了解半导体知识及检测，掌握放大电路、反馈电路的简单计算知识和装调技能，为后续课程的学习打下基础。

数字电子技术应用课程要求学生掌握数字电路的相关知识，具备对常用集成电路的应用能力，掌握电子电路调试与维修中常见仪器仪表的使用，熟悉简单电子产品的一般分析过程，训练学生的创新能力。

电子 CAD 课程要求学生了解电子产品设计与制作的基本理论知识，熟悉电子产品设计与制作的方法，掌握电子产品设计与制作过程中的操作技能，培养学生面向真实产品的原理图绘制能力、PCB 设计能力、制作设计能力和产品分析能力。

专业英语课程要求学生掌握电子技术专业常用英语词汇，能顺利地阅读、理解和翻译有关的英文技术文献和资料，并培养学生的沟通表达能力和综合素质。

电子产品装配与调试课程要求学生掌握识读电子产品工艺文件、分拣和测试电子元器件、焊接电子线路板、装配电子产品、检测和调试电子产品等典型工作任务必备的基本知识和基本技能。

电子测量与仪器仪表的使用课程要求学生能够正确理解电子测量的意义、特点和基本概念，掌握万用表、信号源、直流电源、兆欧表、示波器等常用电子测量仪表的基本结构、工作原理、测量对象和使用方法。

电子产品生产工艺与设备课程要求学生掌握电子产品生产工艺、生产设备的相关基础知识，学会工艺分析、设备的维护保养，基本达到电子产品装配工中级标准要求的操作技能。

电子产品整机调试与维修课程要求学生掌握电子产品整机测试、检测、维修的基本技能，包括分析产品整机原理图、测试方法与参数的确定、测试设备的选择与调试、测试电子产品性能、测试电子器件的好坏、故障分析、故障处理等典型工作任务必备的基本知识和基本技能。

专业课程是为了达到培养规格中的职业技能目标而设置的相关课程，强调职业技能的基础知识和基本技能的掌握，为拓展课程的学习奠定良好的基础。

3. 拓展课程

拓展课程包括电气控制及 PLC 应用、电子产品营销、单片机及其应用等课程，是在专业课程学习的基础上实现专业能力拓展的课程，它更侧重于职业技能的培养。

电气控制及 PLC 应用课程要求学生掌握常用低压电器使用、常用电气线路分析、继电控制电路运用、PLC 应用、电气设备安装和维护等核心技能。

电子产品营销课程要求学生了解现代电子电器产业发展，掌握产品市场和营销基本模式与策略、经营战略，具备从事电子电器产品营销和公司经营管理的初步能力。

单片机及其应用课程要求学生掌握单片机基本组成、接口电路及硬件电路的连接，理解微机系统的基本概念和基本理论，掌握 MCS-51 系列单片机的指令系统等，具备最小系统构建、软件编程、单片机系统调试等能力，能适应单片机控制电子产品的辅助设计工作。

4. 顶岗实习

顶岗实习课程要求学生进一步了解本专业对应的操作工、装配工、调试工、维修工等岗位的实践工作任务,进一步掌握电子产品生产制造过程中的来料检验、电子装联制造、电子产品性能测试、设备维护保养等典型工作任务的实际操作技能和专业技术知识,熟悉顶岗企业生产组织管理和规章制度,了解企业文化,能在企业环境下进行正常的人际沟通。

5. 社会实践

社会实践课程要求学生了解生产和管理实践活动,提高协调能力、沟通能力和对理论知识的综合运用能力、分析问题和解决问题的能力。在实践中,提高学生了解社会、认识国情、增长才干、奉献社会的意识,树立正确的世界观、人生观和价值观。

(三) 人才培养中的师资条件和实践实训条件

良好的师资条件和实践实训条件是人才培养的必然要求。师资条件是指对教师数量、学缘结构、年龄结构、教学资质等方面的要求;实践实训条件是指校内和校外的实习实训等方面的要求。

1. 师资条件

师资条件主要按照《湖南省中等职业学校机构编制标准》要求,本专业师生比为 1:11,其中专任教师不低于教职工总数的 85%。公共课教师应具有与任教课程对口的全日制本科学历,并取得中等职业学校教师资格。专业任课教师应具有与任教专业对口的本科学历,并取得中等职业学校教师资格和任教专业相应的职业资格证。专业教学团队中有一定比例的兼职教师,列入教师编制,比例在 15%~30% 之间。实习指导教师应具有与任教专业对口的专科以上学历,并取得高级技工及以上职业资格。

对于授课教师要求:公共课授课教师应具备公共课教师基本要求。专业核心课授课教师应具备专业任课教师基本要求,还应有任教本专业两年以上任教经历和至少六个月以上的企业实践经历。所有的专业核心课程至少有两位以上教师授课,其中一人为实践指导教师,也可以是来源于行业或者企业的现场专家;专业教师应由英语水平较高,又有一定专业知识的教师担任。

对专任教师的培训要求:专任教师每两年必须有两个月的企业实践或

社会实践。专业课专任教师每五年必须参加一次国家级或省级培训，公共课教师应参加教育教学或新技术的培训。专任教师必须每年参加一次校外教育教学研究活动。

2. 实践实训条件

校内实践实训要求学校必须具备通用电子电工实训室、电子 CAD 技术实训室、电子装配与调试实训室、整机调试与检测实训室、单片机技术及应用实训室、电子产品营销实训室、电子产品先进制造技术中心等。实训室公用基本设施，如服务器、投影仪、打印机、扫描仪、多媒体中控系统、无线话筒、书写白板、激光教鞭笔、空调等另行添置。其他主要设施设备及数量（按照 40 人标准班配置）如下：

（1）通用电子电工实训室：电子电工实训装置 12 台，常用电工工具 12 套。

（2）电子 CAD 技术实训室：服务器 1 台，48 口交换机 1 台，不间断电源 1 台，计算机 40 台及绘图软件 40 套。

（3）电子装配与调试实训室：三位半数字万用表 40 只，晶体管特性图示仪 20 台，示波器 40 台，纸刀 40 把，手动吸锡器 40 把，尖嘴钳 40 把，热风枪 40 把，镊子 40 个，焊台 40 个，生产线工位 40 个。

（4）整机调试与检测实训室：扫频仪 20 台，信号源 20 台，收音机 40 台，三位半数字万用表 40 只，晶体管特性图示仪 20 台，示波器 40 台，纸刀 40 把，手动吸锡器 40 把，尖嘴钳 40 把，热风枪 40 只，镊子 40 个，焊台 40 个，生产线工位 40 个。

（5）单片机技术及应用实训室：服务器 1 台，48 口交换机 1 台，不间断电源 1 台，单片机开发系统 40 套。

（6）电子产品营销实训室：计算机 10 台，谈判桌椅 40 套，产品展示台 1 个。

（7）电子产品先进制造技术中心：贴片流水线 40 个工位，真空吸笔 40 支，自动滴胶机 40 台，自动锡膏印刷机 1 台，精密手动贴片台 40 个，全自动贴片机 40 台，输入输出接驳机 1 台，全热风无铅回流焊机 1 台，3D 视觉检测仪 1 台，锡膏专用冰箱 1 台，SMT 工艺挂图 1 套，PCB 防静电周转车 1 台，电阻形成机 1 台，电容剪脚机 1 台，IC 整形机 1 台，跳线成型机 1 台，插件流水线 40 个工位，自动输入接驳机 1 台，全自动波峰焊机 1 台，自动输出驳接机 1 台，线路板切脚机 1 台，超声波清洗机 1 台，THT 工艺挂图 1 套。

学校应该通过"学校—企业"联合建设校外实训基地，借助企业的技术、设备和技术人员培养企业需求的人才，不断提高学生职业技能。按照 40 人一个班的标准，校外实训基地个数不少于 3 个，电子产品的生产企业年产值不少于 3000 万元，人员规模 600 人以上，电子产品销售企业的年销售额 5000 万元以上，人员规模 60 人以上。

（四）人才培养中的教学评价

教学评价包括对专业教学质量的评价、对教师的评价和对学生的评价。

1. 对专业教学质量的评价

对专业教学质量的评价主要是要求学校建立专业教学质量评价制度，按照教育行政部门的总体要求，把就业率、对口就业率和就业质量作为评价专业教学质量的核心指标，针对专业特点，制订专业教学质量评价方案和评价细则，广泛吸收行业、企业，特别是用人单位意见，逐步建立第三方教学质量评价机制，把课程评价作为专业质量评价的重要内容，建立健全人才培养方案动态调整机制，推动课程体系不断更新和完善。专业教学质量评价结果要在一定范围内公开和发布。

2. 对教师的评价

对教师的评价要求建立健全教师教育教学评价制度，把师德师风、专业教学、教育教学研究与社会服务作为评价的核心指标，要求采取学生评教、教师互评、企业评价、学校和专业评价等多种形式，不断完善教师教育教学质量评价内容和方式。把教育教学评价结果作为教师年度考核、绩效考核和专业技术职务晋升的重要依据。

3. 对学生的评价

对学生的评价包括评价主体、评价方式和评价内容三个方面。

评价主体要求以教师评价为主，广泛吸收就业单位、合作企业、社会、家长参加学生质量评价，建立多方共同参与评价的开放式综合评价制度。

采取的评价方式主要有过程评价与结果评价相结合、单项评价与综合评价相结合、总结性评价与发展性评价相结合等方式，要把学习态度、平时作业、单项项目完成情况作为学生质量评价的重要组成部分，逐步建立以学生作品为导向的职业教育质量评价制度。

评价内容包括思想品德与职业素养、专业知识与技能、科学文化知识与人文素养三个方面。思想品德与职业素养评价主要是依据国家颁布的《中等职业学校德育大纲》、学校制定的学生日常行为规范等要求来制订思想品德评价方案和细则，依据行业规范和岗位要求来制订职业素养评价方案和细则，将职业素养评价贯穿到教育教学全过程。专业知识与技能评价要求学校依据课程标准，针对学校专业教学特点，制订具体的专业知识与技能评价细则。科学文化知识与人文素养评价主要是依据教育部颁布的课程教学大纲、省教育厅颁布的公共课教学指导方案，制订公共课教学质量评价细则。

第二章　应用电子技术专业的课程体系及教学特点

作为专业教师，掌握本专业的课程体系和教学特点尤为重要。它既可以让教师掌握课程与课程之间的衔接关系，又可以让教师领会课程和课程之间的差异，教师在教学过程中把握了教学特点，就可以有针对性地选择合适的教学方法。

一、应用电子技术专业的课程体系

目前，应用电子技术专业课程体系构建方法主要有基于工作过程的构建方法、基于综合能力的构建方法、"工学结合"模式的构建方法等。其主要原则是以技术应用能力培养为主线，加强实践性教学环节和学生综合素质培养，坚持理论教学和实践教学相结合、专业知识教育与专业技能训练相结合、职业核心能力与专业技能培养相结合。

应用电子技术专业的课程体系基于三个平台：素质培养平台、专业知识教育平台和专业技能训练平台。其中，素质培养平台包括英语、体育、政治、思想道德等方面的课程；专业知识教育平台包括电工学、电子技术、单片机技术、传感器技术等核心专业课程；专业技能训练平台包括相关的基本实验、课程设计、实习实训、考工训练等实践课程环节。这三个平台相互交叉，相互促进，在课程实施过程中，平台之间相互融合，形成一个整体。图 2-1 所示是应用电子技术专业课程体系结构。

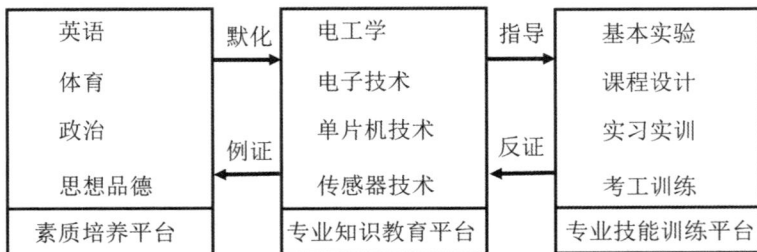

图 2-1　应用电子技术专业课程体系结构

二、应用电子技术专业的人才培养方案和教学特点

（一）应用电子技术专业的人才培养方案

应用电子技术专业的人才培养目标是让学生经过课程体系中的专业课程学习达到毕业标准，要实现这个目标，必须有一个良好的人才培养方案和培养模式。人才培养方案是人才培养过程中的关键所在，它是专业课程体系的具体体现。在培养模式上，采用"校—企—校—企"、"校—企—校"等培养模式让学生一毕业就可以在企业从事各个岗位的工作，不需要再培训，为企业节约运营成本。

人才培养方案中的课程安排次序非常重要，要按照课程体系要求来安排，遵循教学规律的课程安排将会取得好的教学效果。例如，先开设"电工基础与技能""电子技术基础与技能"这些专业基础课程，再开设"常用仪器仪表""Protel DXP 电路设计"和"传感器技术及应用"等专业课程就非常合理。如果在专业基础课程里把专业课程中需要的一些基本知识理论和方法原理讲了，在专业课程的讲解和学习中，老师和学生就可以很快上手，达到事半功倍的效果。表 2-1 所示是应用电子技术专业教学计划，表 2-2 所示是应用电子技术专业教学计划课程分析。

表 2-1 应用电子技术专业教学计划

序号	课程分类	课程名称	总学时	其中讲授	其中实训	第一学年 一	第一学年 二	第二学年 三	第二学年 四	第三学年 五	第三学年 六
1	专业基础模块	职业生涯与规划	36			2					
2		职业道德与法律	36				2				
3		经济政治与社会	36					2			
4		哲学与人生	36						2		
5		职业素养	72			1	1	1	1		
6		体育	144			2	2	2	2		
7		语文	162			5	4				
8		数学	162			5	4				
9		英语	144			4	4				
10		计算机基础	72	48	24	2	2				

第三学年五、六栏为"顶岗实习"。

（续表）

序号	课程分类	课程名称	总学时	讲授	实训	一	二	三	四	五	六
				其中		第一学年		第二学年		第三学年	
11	专业技术模块	常用元器件	72	54	18	2	2				
12		电工基础与技能	72	54	18	2	2				
13		电子技术基础与技能	72	54	18		2	2			
14		常用仪器仪表	54	36	18			3			
15		Protel DXP 电路设计	72	36	36			4			
16		电子整机装配	108	72	36			2	4		
17		传感器技术及应用	108	72	36			2	4		
18		小家电基础与维修	72	54	18			4			
19		单片机技术与应用	108	72	36			2	4		
20		SMT 表面贴装技术	72	54	18				4		
21		电子产品营销	36	28	8				2		
22	专业技能模块	元件识别及焊接训练	54			3					
23		收音机组装与调试（THT 技术）	54				3				
24		电视机组装与调试（THT 技术）	72					4			
25		万用表组装与调试（SMT 技术）	72						4		
26		单片机大型作业	36						2		
27		电子 CAD 大型作业	18						1		

（第三学年"五、六"列为"顶岗实习"）

★第一、二学年，每周 28 学时，每学期 18 周，每学期课时为 504 学时，第一、二学年小计 2016 学时；第三学年为顶岗实习，折算课时为 1200 学时；三年总计课时为 3216 学时。

★专业基础模块 900 学时，占比 28%；专业技术模块 810 学时、专业技能模块 306 学时，共占比 35%；顶岗实习 1200 学时，占比 37%。

表 2-2　应用电子技术专业教学计划课程分析

序号	课程说明	课时	小计	课型类别	占比（％）
1	专业基础课	900	900	公共课	28％
2	专业技术课	810	1116	专业课	35％
3	专业技能训练	306		技能训练	
4	顶岗实习	1200	1200	生产实习	37％
5	军训及入学教育	60	60	德育教育	
总计		3216＋60			100％

备注：

　　1. 本专业学制 3 年，前 4 个学期在学校，最后 2 个学期下工厂顶岗实习。

　　2. 第一、二学年，每周 28 学时，每学期 18 周，每学期课时为 504 学时，第一、二学年小计 2016 学时；第三学年为顶岗实习，折算课时为 1200 学时；三年总计课时为 3216 学时。

（二）应用电子技术专业的教学特点

应用电子技术专业的教学特点就是"做中学，学中做"。一般来说，理论课和实践课分开来教学，教学上采取理论教学与实践教学相结合的方式进行。由于电子技术的快速发展，为了使学生能够尽快适应生产活动的需求，中职学校已经将理论教学与实践教学紧密联系在一起，并进行多种尝试。如有基于工作过程的任务式教学，有项目式教学，有工学结合式教学，其目的就是要将学校的课堂学习与企业的生产实际结合在一起。

三、课堂拓展：对某门专业课程及其教学特点进行分析

本节以电子技术基础与技能课程为例，说明该课程在课程体系中的位置，并分析其教学特点。

（一）电子技术基础与技能课程标准

1. 教学任务

电子技术基础与技能课程标准要求学生了解半导体知识及检测，理解放大电路、反馈电路的简单计算知识和装调技能，掌握基本集成运算放大电路、直流稳压电源简单电路计算知识与装调技术，为后续的课程学习和职业能力培养打好基础。

2. 教学目标

(1) 知识目标。

了解二极管、三极管的知识；了解集成电路引脚功能、性能指标；理解基本放大电路的工作原理和分析计算方法；理解反馈放大电路的工作原理和分析计算方法；掌握运算放大电路的工作原理和分析计算方法；掌握整流电路、滤波电路和典型的稳压电源电路的工作原理和分析计算方法；熟悉查阅电子器件手册和合理选择元器件方法；熟悉测试常用电路性能和排除电路故障的方法。

(2) 能力目标。

能识别、会检测常用电子元件；能使用万用表、示波器等仪器仪表测试元器件参数、判断元器件质量；能阅读和分析电子线路图；能分析常见的单元电子电路；能根据要求制作、测试、调试简单功能的实用电路。

(3) 素养目标。

养成按流程和规程操作的习惯；养成服从组织、服从安排的作风；养成积极主动、承担任务，并按要求高质量完成任务的作风；养成实事求是、不弄虚作假的作风；根据企业现场"整理、整顿、清理、清扫、素养、安全"6S管理的要求，养成严谨、规范的工作作风和习惯。

(二) 电子技术基础与技能课程教学分析

电子技术基础与技能课程是中职学校应用电子技术专业的一门核心课程。根据前述的课程体系结构可知，素质培养平台中，英语、数学和物理等知识为该门课程提供专业素养基础。专业知识教育平台中，该门课程主要讲述三极管放大电路、功放电路、反馈电路以及直流电源电路的工作原理及其应用方面的理论基础知识。专业技能训练平台中，以设计和制作直流电源电路来提高实训技能。

1. 专业英语课程教学分析

专业英语课程中，与电子技术基础与技能课程相关的专业英语词汇必须加以掌握。由于电子技术的迅速发展，很多新的文献是采用英文撰写的，其器件的技术参数也是英文的，因此，掌握相关的专业英语词汇非常重要，有利于适应新时代对专业发展的要求。专业英语词汇举例：

二极管　　Diode

晶体三极管　　Transistor

发光二极管　LED（Light Emitting Diode）

基极　Base

发射极　Emit

集电极　Collection

PN 结　　PN Junction

场效应三极管　FET Transistor

半导体　Semiconductor

集成运算放大器　Integrated Operational Amplifier

加法器　Adder

减法器　Subtractor

微分器　Differentiator

积分器　Integrator

功率放大电路　Power Amplifier

这些专业词汇只是模拟电子技术课程中的很小一部分，学生通过长久的积累，掌握相应的英语词汇，在阅读相关英文文献时，就不会存在障碍。

2. 数学和物理课程教学分析

数学课程中，学生需要掌握涉及电子技术基础与技能课程中的理论推导和器件参数等方面的内容。举例：

（1）积分器。

模拟电路中，积分器是利用运算放大器中的电阻和电容器的充放电来实现的。在数学上的表达式为：

$$u_0 = -\frac{1}{RC}\int u_i \mathrm{d}t$$

而在模拟电子技术中，可以将方波信号转化为三角波，完成积分功能，其实现电路如图 2-2 所示。

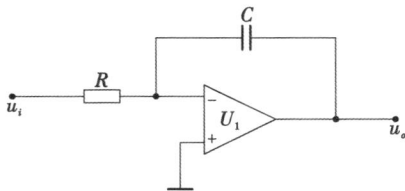

图 2-2　积分器电路

（2）微分器。

模拟电子技术中的微分器在信号处理中具有重要的作用。在数学学习过程中，理解微分器的物理含义具有重要意义。其数学表达式为：

$$u_o = -RC\frac{\mathrm{d}u_i}{\mathrm{d}t}$$

微分器的电路结构如图 2-3 所示，它是利用电阻和电容器结合理想运算放大器而形成的，它完成积分电路功能的逆过程。可见，高等数学的微分运算在模拟电子技术中可以完全实现。

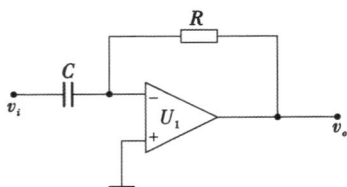

图 2-3 微分器电路

（3）对数电路和指数电路。

这两个电路都是信号处理电路中经常要用到的电路，它们可以分别实现对信号的对数和指数计算功能，如图 2-4 所示。

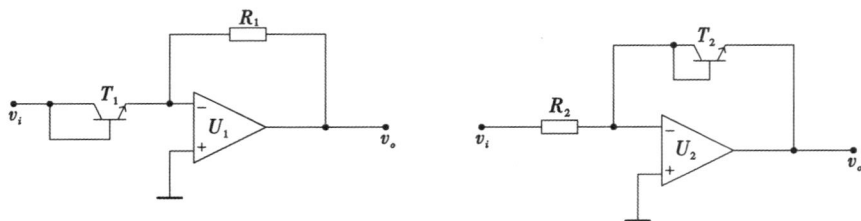

图 2-4 对数电路和指数电路

物理课程的学习对电子技术基础与技能课程的理论推导具有铺垫作用。例如在对三极管的工作原理进行讲解时，PN 结的工作原理是最好的铺垫，这就要利用物理知识。

物理教学中，半导体是导电性能介于导体和绝缘体之间的物质，与之相对应的物质有硅材料和锗材料。从这两种材料的温度特性来说，硅材料比锗材料要好。因此，在实验室中经常采用硅材料的半导体器件。

由于半导体组成的 PN 结以及 PN 结的特性是三极管结构及其工作原理的基础，只有很好地掌握了物理知识中的半导体基本知识，才能够较好地理解三极管的工作原理和结构。

总之，素质培养平台是专业知识教育平台的基础，是专业知识教育平台发展的基石，反之，专业知识平台丰富了素质培养平台的内涵和适用范围，二者相互促进，相互交融。

3. 电子技术基础与技能课程理论基础分析

电子技术基础与技能课程理论基础包括晶体三极管放大电路、功率放大电路、反馈电路和直流电源电路等电路的理论基础知识。这些基础知识是学习其他专业课程的知识储备。

（1）晶体三极管放大电路。

晶体三极管放大电路的功能是无失真地放大微弱电信号。静态时，晶体三极管应该处于发射结正偏、集电结反偏状态，即静态工作点 Q 点处于晶体三极管输出特性的放大区。描述静态工作点的三个参数为：基极直流电流、集电极直流电流和集电极—发射极间直流电压。描述晶体三极管动态性能指标的三个参数为：输入电阻、输出电阻和晶体三极管放大电路的电压增益。学习晶体三极管放大电路知识时，总体要把握两点：

第一，做到无失真放大信号。要做到这一点，就必须合理地设置静态工作点 Q 点，并使之稳定。就算在 Q 点设置合理的情况下，有时候由于环境温度升高而引起 Q 点由放大电路输出特性的放大区漂移到放大电路输出特性的饱和区，导致放大后的信号失真。采取的措施是：对于共射极放大电路来说，加入射极偏置电阻来稳定 Q 点。其代价是损失了放大电路的电压增益。

第二，明晰放大电路的动态特性。放大电路的输入电阻定义为输入电压与输入电流之比。该电阻作为前一级电路的负载使用，其大小直接影响本级放大电路输入信号的大小。电阻值越大，输入的信号越大，反之，输入的信号就越小。放大电路的输出电阻定义为在输入信号为零、负载断开的情况下，输出电压与输出电流之比。该电阻直接影响本级放大电路带负载能力。电阻值越小，带负载能力越强，反之，则带负载能力就越弱。晶体三极管放大电路的电压增益定义为输出电压与输入电压之比，也称为电压放大倍数。该参量体现了晶体三极管放大电路放大微弱电信号的能力，一般用分贝表示。

（2）功率放大电路。

功率放大电路的功能是放大信号的功率。有甲类功放、乙类功放和甲乙类功放之分。甲类功放定义为在输入信号的一个周期内，晶体三极管的集电极电流始终大于零。甲类功放放大信号时，信号不失真，但是功放效率较低，效率最高为 50%，需要增加散热片面积来给晶体三极管散热。乙类功放定义为在输入信号的半个周期内，晶体三极管的集电极电流大于零。乙类功放放大信号时，只有信号的半个周期有信号，信号严重失真，但其功放效率较高，效率最高可达 78.5%。甲乙类功放定义为在输入信号的半个周期到一个周期内，晶体三极管的集电极电流大于零。甲乙类功放放大信号时，信号失真程度比乙类功放信号失真程度轻微，但比甲类功放信号失真程度严重，效率介于甲类功放和乙类功放之间。

设计功率放大电路时，主要关注功放管交越失真、功放管过载及其散热片面积计算的问题。功放管交越失真是两个功放管在轮流导通期间产生的信号失真，可采取在两管的基极之间预加电压使功放管处于微导通状态的办法来消除交越失真。功放管过载是由于输出端不小心短路致使功放管过载而毁坏，可采取在功放管发射极串接一电阻的措施来保护功放管。功放管散热能力有限，实际工作中，采取在功放管上加装散热片的措施来散热，降低功放管管芯的温度，延长功放管的使用寿命。加装的散热片面积需要进行计算来确定，合理的散热片面积既可以保护功放管，又不浪费散热片。

（3）反馈放大电路。

反馈电路是电子技术基础的重要理论知识之一。反馈是指将输出量的全部或者一部分通过一定的方式送回到输入回路，并影响输入信号功能的过程。

反馈分为正反馈、负反馈，电压反馈、电流反馈，串联反馈和并联反馈等类型。正反馈是指反馈信号在输入回路里增强输入信号功能的反馈，而负反馈是指反馈信号在输入回路里减弱输入信号功能的反馈。电压反馈是指反馈信号是电压信号的反馈，而电流反馈是指反馈信号是电流信号的反馈。串联反馈是指反馈信号和输入信号在输入回路里是以电压形式相加减的反馈，而并联反馈是指反馈信号和输入信号在输入回路里是以电流形式相加减的反馈。

正确判断反馈类型是学习反馈电路章节的重要内容，而熟练设计和应用反馈电路是反馈电路章节的主要技能。电压串联负反馈等效为电压控制电压源，电压并联负反馈等效为电流控制电压源，电流串联负反馈等效为电压控制电流源，电流并联负反馈等效为电流控制电流源。

负反馈极大地改善了放大电路的性能，具体体现在以下五个方面：一是负反馈增强了放大电路增益的稳定性；二是负反馈减少了放大电路的非线性失真；三是负反馈抑制了放大电路的干扰和噪声；四是负反馈对输入电阻和输出电阻的影响（串联反馈增加输入电阻，并联反馈减少输入电阻；电压反馈减少输出电阻，电流反馈增加输出电阻）；五是负反馈扩展了放大电路的频带。负反馈对放大电路性能的改善是以牺牲放大电路的增益为代价的。

在分析和计算带深度负反馈放大电路的增益时，应时刻把握"虚短"和"虚断"两个概念。其本质是反馈信号和输入信号近似相等，净输入信号近似为零。因此负反馈放大电路的增益表达式中输出信号与输入信号之比就转化为输出信号与反馈信号之比。在反馈网络中很容易发现输出信号与反馈信号之间的联系，这样，就可以近似估算出反馈放大电路的增益。

（4）直流电源电路。

直流电源电路是为放大电路各单元提供电源，以使放大电路正常工作。常见的串联反馈式直流稳压电源电路包括基准电路、取样电路、比较电路和调整电路四部分。

基准电路是用来产生基准直流电压源的电路，一般采用稳压管稳压的方法来实现。为了保证基准电压稳定可靠，稳压管必须工作在稳压管反向输出特性的稳压区域，即流过稳压管的电流值必须处在稳压管最小允许电流和稳压管最大允许电流之间，分压电阻值也依据上述条件进行选择。

取样电路是把输出的直流稳压值信号提取出来，送到比较电路，以便与基准直流电压源进行比较。取样电路提取的电压值一般由几个电阻对输出直流电压进行分压得到。

比较电路是将基准电路得到的基准直流电压值与取样电路得到的直流电压值通过比较器进行比较，并输出控制调整电路信号的电路。

调整电路的原则是：当基准直流电压值与取样电路提取的直流电压值

相等时，比较器保持原有状态，调整管处于正常状态，不用调整集电极—发射极电压；当基准直流电压值比取样电路提取的直流电压值大时，比较器输出电压增大，使调整管的集电极电流变大，静态工作点 Q 点上移，调整集电极—发射极电压减小，使输出电压基本维持不变；当基准直流电压值比取样电路提取的直流电压值小时，比较器输出电压减少，使调整管的集电极电流变小，静态工作点 Q 点下移，调整集电极—发射极电压增加，使输出电压基本维持不变。

综上所述，电子技术基础与技能课程的这些理论基础是电子技术应用环节必须熟知和掌握的，它为后续的实训技能培养和电子技术专业课程学习奠定基础。

4. 电子技术基础与技能课程实训技能分析

我们以设计和制作直流电源电路为例来说明电子技术基础与技能课程实训技能培养环节。直流电源电路是电子技术各电路中最常见的电路，其主要用于给各电路供给直流电源。

（1）直流电源主要质量指标。

衡量直流电源电路的主要指标有：输入电压调整因数、输出电阻、温度系数和纹波抑制比。

输入电压调整因数是指直流电源的输出电压变化量与直流电源输入电压变化量之比，其反映了输入电压波动对输出电压的影响，值越小，说明输入电压波动对输出电压影响越小。

输出电阻是指直流电源的输出电压变化量与输出电流变化量之比，其反映了负载电流变化对输出电压的影响，值越小，说明直流电源带负载能力越强。

温度系数是指输出电压变化量与温度变化量之比，其表示温度改变时，电路维持预定输出电压的能力，值越小，说明输出电压的温度稳定性越高。

纹波抑制比是指输入电压峰-峰值与输出电压峰-峰值之比，其值越小，表明输出纹波电压值也较小。

以上参数值都是定义各种因素对输出直流电压的影响，是衡量直流电源最关键的核心参数。设计和制作直流电源时，需要更加关注这些核心参数。

（2）设计直流电源。

设计直流电源是理论与实训技能相结合的关键环节。直流电源设计质量的高低直接决定直流电源质量的好坏。设计直流电源包括指标参数设计计算、设计作图、电路仿真调试等环节。

指标参数是指要设计的直流电源所要求的主要参数，包括输出直流电压、输出直流电流、输入交流电压值、输入电压频率和输入交流电流值等，根据指标参数进行直流电源设计分析和计算。直流电源按照电流流向顺序来看，包括四个部分：变压器、整流、滤波和稳压。设计直流电源的顺序则相反。稳压是指将波动的直流电压变换成无纹波而稳定输出的直流电压。稳压部分设计主要考虑输入直流电压与输出直流电压之间的压差、输入电流与输出电流之间的关系、调整管的功耗等。如设计输出的直流电压为 5 V，电流 500 mA，则稳压的输入端电压可定为 8 V，电流大于 500 mA，调整管的功耗至少需要 2 W，以保证稳压电路正常工作。滤波是将脉动的直流电压变换成带有纹波的直流电压，滤波部分设计主要考虑滤波电容和负载电阻所形成的充放电时间常数能否满足滤去电压纹波的要求，负载电阻已知的情况下，充放电时间常数 $\tau = RC$，其值一般为输入信号半周期的 3～5 倍，据此合理地选择电容器的参数。整流是将交流电压变成脉动的直流电压。整流设计主要考虑整流二极管的选型，整流二极管允许的最大导通电流必须大于实际整流电流，整流二极管的反向击穿电压应该大于输入信号峰值电压。鉴于输入电压有 ±10% 的波动，实际选择整流二极管的最大导通电流和反向击穿电压参数时，要留有更多余量，保证整流电路元件的安全。变压器主要是将大电压交流电降为小电压交流电。变压器设计主要考虑降压值是否满足电源需要，变压器的初级和次级匝数比根据需要来确定，变压器的功率也要满足后续负载的要求，变压器的输入端接入合适的保险丝满足设计的安全要求。

设计作图是指在专业软件（如 Multisim）系统里按照设计要求画出相关电路图。直流电源电路按照变压器电路、整流电路、滤波电路和稳压电路的顺序依次画出，并检查各元件的元件值是否合适、各元件的连接线是否正确。检查无误后，进入电路仿真调试环节。

电路仿真调试是指在专业软件系统里，将各种不同的虚拟的输入信号加到初步设计的电路中，通过虚拟仪器来测试输出信号是否满足设计要求。如果输出信号达不到所设计的要求，需要反复调整电路参数，直到满足设计要求为止。需要注意的是，在实际情况中可能出现的任何输入信号都应该作为虚拟的输入信号来进行电路仿真测试。

（3）制作直流电源。

制作直流电源是模拟电子技术课程实训课程的重要环节，包括绘制印刷电路板版图、选购元器件、安装元器件、实际电路测试等环节。

绘制印刷电路板版图是指采用专业软件将电路元器件集中在一块印刷电路板上而绘制出来的集各元件连线、安装孔为一体的版图。各元器件的实际尺寸大小都已封装在元件库里，绘制版图时，只需要将元件库里的元件封装尺寸取出来，按照已经设计好的电路进行连线。注意：电源线和地线要分开，尽量不走平行线，以免产生电容效应和干扰，电气上无连接的两条线相交时利用过孔避开相互连接。画好的版图还需要进行连线检查，看是否有漏连线和错连线，检查无误后，打印版图。联系相关电路板制作公司，公司按照设计好的版图制作电路板。

选购元器件是指按照设计好的电路图挑选对应的元器件，把合格的元器件购买回来。用眼睛察看器件的外观是否有问题，再利用万用表对元器件进行简单测试，剔除不合格的元器件。

安装元器件是指将购买回来的元器件安装在制作好的电路板上。首先，用万用表检查电路板上的线路是否正确，电源线和地线之间是否短路，如果电路板有问题需要进行处理，直到没有问题为止。其次，安装元器件。先安装电阻、电容、二极管等小型元件，再安装集成块和变压器等元器件。焊接元器件时，避免虚焊，焊接点要光滑。

通电测试是指对组装完成后的直流稳压电源进行电气性能测试。在电路板通电之前，先检查电源线和地线之间的电阻是否为零，如果为零，说明有短路现象故障，需要排除故障。通电后，对照设计技术指标分别进行电性能指标测试，分别做好测试记录。各项指标满足设计要求，表明该直流稳压电源设计制作成功。

总之，实践实训平台综合了知识教育平台和素质教育平台的主要内容，使三个平台有机地融合在一起。

第三章　应用电子技术专业教材

专业教材是教师和学生之间的桥梁。应用电子技术专业教材既指导教师教学的内容和知识点，又指导学生认识、掌握和理解教学内容的难点。

一、应用电子技术专业教材特点

应用电子技术专业教材是在该专业人才培养标准和该专业课程体系下，以课程的教学大纲所提出的知识点和技能为目标的材料。它是教师和学生在进行教学活动时共同交流的平台，在教学中占据非常重要的位置。

应用电子技术专业教材具有以下几个特点：

（一）知识的正确性

正确性是教材的最基本属性。应用电子技术专业教材中，对于器件的工作原理等方面的知识讲解必须准确无误。如果所描述的事实、所推导的公式是不正确的，那这种指导教师和学生的教材就失去了其最基本的功能。在实际教学中，好的教材可以多次重印，不好的教材很快就会被淘汰掉。

（二）知识结构的完整性

专业教材必须有完整的知识结构，这主要体现在内容的相对完整和独立性。例如电子技术教材分为模拟部分和数字部分，模拟电子技术教材较为完整地讲述了放大电路的特性。这种特性包括晶体三极管放大电路、场效应管放大电路和集成放大电路等，是一个比较完整的体系。在这种完整的体系中，还要介绍反馈、振荡电路和直流电源电路，这些是放大电路中的理论支撑和实际需要。数字部分也是一样，从最简单的与门、或门和非门入手，到组合逻辑（编码器、译码器、数据选择器、加法器等）、时序逻辑（RS触发器、JK触发器、D触发器、同步计时器、异步计时器等），再到综合逻辑设计，有完整的知识结构。

专业教材的完整性还体现在课程体系中教材内容的相互支撑。例如：模拟电子技术课程的前修课程电工学是模拟电子技术课程的基础，而模拟电子技术又是数字电子技术课程的前修课。只有各部分教材知识结构完整，专业教材才严谨，才具有指导作用。

（三）知识的时代性

随着信息技术的飞速发展，与之相关的电子技术发展极其迅速。例如，电视机从黑白电视到彩色电视、从阴极显像管到如今的 LED 平板电视、从模拟式制到数字式制再到高清式制，这些无不说明电子技术的飞速发展。因此，应用电子技术专业教材必须与时代发展相适应。技术发展了，相关的专业教材内容要具有时代性。

专业教材发展只有紧跟时代，才具有生命力，才能够在人才培养的过程中发挥应有的功能。

（四）知识的技能性

应用电子技术教材是应用型教材，具有技能性，这是它不同于其他教材的特点。专业教材具备培训功能，能够让人通过学习具备相应的技术能力，这种能力不会因为离开教材而丢失。例如数字电视原理课程中，学习使用相关的测试仪器技术进行测试，判断相关的信号大小和波形等。学生学习这门课程以后，掌握的技能不会丢失。

（五）图表的规范性

为了便于学生理解某些概念，应用电子技术专业教材中使用的图表较多，这些图表必须规范。编写者在编写教材时要按照图表规范操作，科学标注相关信息。

二、应用电子技术专业教材编写

作为应用电子技术专业教师，编写专业教材能够提高自身的教学能力，特别是参与校本教材建设，对老师来说是专业成长的一个非常重要的途径。要编写好教材，就要认真钻研新课程理念和课程标准，认真学习课程理论，研究学生的特点。建设校本教材，也是一个给学生提供高质量教学内容的过程。让课程校本化，其最基本的出发点就是根据本校学生的实际情况和发展方向建设校本教材，同时可以为学校的课程建设积累经验。

（一）教材设计

在设计教材时，考虑以下三个方面：

1. 注重教材的整体设计

一本教材应该是一个完整的整体，设计者应考虑教材的整体品质，不能满足于局部精彩。其适应的原则是：有利于丰富学生经历，有利于开阔学生视野，有利于发展学生个性，有利于学生自主选择。为此，教材设计需要从具有核心概念、反映学习过程、体现教育价值等方面思考。只有把握了教材的整体特性，教材的各个局部才具有活力。

2. 注重课程知识结构梳理

课程知识是由一个一个的相对独立的知识点构成的，且知识点与知识点之间是有逻辑关系的。如"PN 结的形成"这一知识点是建立在知识点"P 型半导体和 N 型半导体"之上的。因此，先介绍"P 型半导体和 N 型半导体"知识点，再说明"PN 结的形成"知识点就顺理成章。如果反过来，知识结构就不合理了。

如何梳理知识结构呢？一般来说，要明确以下内容：本教材建设的背景；本教材的三维课程目标；课程内容（包括内容的呈现方式、内容的框架结构，要做到心中有数）；课程的实施（大约需要多少课时，教学的具体形式和手段等）；评价的设想和做法，等等。

3. 注重交流和研讨

先尝试撰写一个单元，每一个单元要有哪些板块，教师要做到心中有数。不能把很多资料堆砌在一起，不能将所有的内容都呈现在教材之中，如果这样，就变成科普类读物了。要在教材设计中，给教师留下引领的空间，给学生留下思考和探究的空间，体现"以学生为本"的设计思想。教师可以将这个单元的材料与同事进行交流，听取同事们的意见。

（二）教材编写

一般来说，编写教材的基本步骤分为三步：

1. 前期准备工作

（1）熟读本领域最好的一本或几本教材，领会教材的精髓，并挖掘出所要编写的教材应该含有的基本内容。先按照被索引次数量的大小对期刊进行排序，然后下载几篇或者十几篇该领域的文章，看是否有共同的参考书目，或者看哪些书被参考的次数多。通常那些"共同的参考书"或者"被参考次数多的书"，就是本领域最好或者比较好的书。确定好本教材的定位，也就是从整体设计教材，体现教材的特点，接着就是进行知识结构梳理（哪些内容必须要，哪些内容可以不要），这些准备工作非常重要。

（2）基本内容明晰以后，确定逻辑框架，并思考该书的创新点。创新不仅仅是内容的增、删、改以及组合，而且包括逻辑等的再编排。可以从以下四个方面来创新：前人教材精华的组合；逻辑框架的优化重组；时代特色的内容添加；作者思想观点的注入。

（3）资料的收集。前两点或多或少都需要做资料收集工作。在编写教材时，收集资料虽然烦琐却很重要。编写教材所需要的参考书目或论文，最好是国内外该领域经典著作。收集资料一般要做到：真正地广泛浏览或阅读相关书目；对相关内容进行去伪存真；提炼出资料的精华。

2. 编写教材

做好上述准备工作后，就可以开始"写教材"了。编写时，一般需要两种能力：①研究能力：研究能力在于文章的思想性、创新性；②写作能力：写作能力在于文章的连贯性、通顺性。最好在一个比较长的固定时间内集中精力，编写教材一气呵成。

3. 校对教材

教材写好了，必须要校对。校对教材主要注意五个方面：①保证内容的正确性；②清除语法修辞上遗留的差错和毛病；③清除错别字；④保证内容、逻辑、思想的连贯性；⑤保证格式、专业词语的统一准确性。

三、应用电子技术专业教材分析

专业教材分析是应用电子技术专业教师要具备的技能之一。应用电子技术专业教材是以新课程标准作为依据进行编写的，无论选用什么版本的教材，要想上好专业课，就要对教材进行分析。只有对专业教材进行认真细致的分析，掌握教材的特点，才能够在教学过程中做到心中有数，教学起来才游刃有余。

（一）专业教材分析的意义

教师掌握应用电子技术专业教材分析方法和技能具有重要的指导意义，

具体体现在：

1. 有利于全面实现教学目标和任务

现代的电子技术教学不单纯讲授电子技术知识，还需要传授相关的元器件生产销售等方面的知识，以便于学生在实际学习和实践过程中了解行业行规。教师只有认真分析教材内容，才能够将电子行业的实际现状和方向与课程知识结合起来。教材分析也可以使教师更深入细致地认识教材，更好地完成教学目标。

2. 有助于教师认识教材的结构与特点

任何应用电子技术专业教材都有一定的知识结构，这种结构就是各知识点的链接方式，使教材具有科学体系。此外，教材还具有认识体系和表述体系。应用电子技术专业教材是由这三种体系交织在一起的。也正因为如此，教材体现出其独有的结构特点。只有采取科学的方法，认真分析应用电子技术专业教材，才能够把握教材结构，正确使用教材。

3. 便于教师协调教材各局部之间的关系，发挥教材的整体功能

教材中的章节都是相对独立的教材单元。通过分析教材，教师便可以知晓这些教材的地位、作用，从而可以确定教材各个局部的课时、内容和教学方法等，发挥教材的整体功能。

4. 为教师设计教学方法、编写教案提供可靠依据

熟悉教材是教师设计教学和编写教案的基础。通过教材分析，教师可以深入了解教材内容的组成、结构特点，这对教师制订教学方案、确定教学任务目标、明确教学重点和难点、开展教学设计和实施教学过程等环节提供可靠准确的依据。

（二）应用电子技术专业教材分析的依据

应用电子技术专业教材分析的依据主要是应用电子技术专业的课程体系、所学专业学生的心理特点和接受水平，以及应用电子技术专业课程教学大纲。

1. 应用电子技术专业课程体系

上一章的应用电子技术专业课程体系，将该专业的课程体系理解成素质培养平台、专业知识教育平台和专业技能训练平台，三个平台相互融合。

因此，将该专业的教材分析放在这个课程体系中去认识，理论与实践相结合是课程分析的基本原则。

2. 学生的心理特点和接受水平

教学的一切活动都要着眼于学生的发展，并落实在学生的学习效果上。因此，在教学过程中，充分把握和分析学生学习的心理规律是教材分析的一个重要依据。除此之外，了解学生接受专业知识的能力水平也是至关重要的。

3. 应用电子技术专业课程教学大纲

教学大纲是依据教学计划所制定的对学科教学的指导性文件，它是指导教学和编写教材的依据，也是评价教学和考试命题的依据。教师要钻研教学大纲对不同的教材进行分析，在教学过程中对教材进行取舍。

（三）应用电子技术专业教材分析的一般方法

和其他专业教材分析一样，应用电子技术专业教材分析的一般方法有：

1. 按照大纲的精神，分析教材的编写意图和教材的特点

有些教师只注重单一的教学方法，不了解教材的编写意图与教材的特点，结果往往只见树木不见森林，教学起来照本宣科，教材的优点发挥不出来，教材的缺点克服不了，教学质量无法提高。分析教材有助于整体把握教材，更好地发挥教材的优点，克服教材的缺点和不足，并且便于以整体为背景来分析和处理教材各部分，提高教学质量。

2. 分析教材的知识结构、体系和深度广度

教材的每个知识点是串在教材的知识结构上的，知晓并把握教材的知识结构才能更好地分析教材，并进一步根据自己的教学实际和经验，重新组织教材体系，改革教学方法，提升教学效果。

3. 以整体为背景，分析各部分教材的特点

教材是一节一节编的，课堂是一堂一堂讲的，有部分教师在分析教材时往往只注重对局部章节和具体问题的分析，忽视对教材的整体把握，看不到知识背景发生的变化和各部分知识之间的联系。因此，分析教材需要从整体和局部两个方面入手，明确知识的来龙去脉和教材各部分的地位、作用。

4. 分析知识的价值

分析教材还需要对知识的价值和功能进行分析。知识是具备理论价值、应用价值、教育功能和能力价值的。在教学过程中，要重视知识的价值作用，挖掘知识的价值，培养学生具备相关的能力。

5. 明确教学的目标要求

明确教学目标和要求是分析教材和进行教学的基础。教学的目标要求不明确将无法有效地进行教学。教学目标是教师根据教材的内容和学生的状况，从实际出发确定的。教学目标中的知识要求、能力要求和思想教育要求以及达到这些要求的途径和方法，都要通过对教材具体章节的分析来选择和确定。

6. 分析教材的重点和难点

教材重点的确定与教材本身的性质和功能有关，教师应从全局和局部角度把握教材的地位和作用，确定教材的重点；教材的难点则是根据教材的特点和学生的学习心理特点而定。重点不一定是难点，难点也不一定都是重点。

7. 酝酿设计教学过程，确定教学方法

教学过程的设计、教学方法的确定受教学中的多种因素影响。其中影响较大的是教学目标、教学内容、师生状况和教学条件等因素。对这些因素要进行具体分析，也要让其相互配合，进行综合优化处理。可见，只有在对教材进行深入分析基础上设计的教学过程、确定的教学方法才是可行和可靠的。

总之，深入分析教材是提高教学质量的有效途径之一。

（四）应用电子技术专业教材案例分析

以高等教育出版社出版、张龙兴主编的《电子技术基础（第二版）》教材为例进行分析，该教材既可以用作中等职业学校电子电器专业教材，也可以作为行业中级技术工人等级考核的培训教材。以下按照教材的一般分析方法进行教材分析：

1. 教材的基本情况

本教材共分为两编。第一编为模拟电路基础，共计七章，分别是：半导体器件的基础知识、整流与滤波电路、基本放大电路、反馈与振荡的基

础知识、集成运算放大器、直流稳压电源、可控硅及其应用。第二编为数字电路基础，包括八章内容和实验，分别是逻辑门电路、数字逻辑基础、组合逻辑电路、集成触发器、时序逻辑电路、脉冲波形的产生和整形电路、A/D 和 D/A 转换器、课堂演示实验，其中实验共有 15 个，分别是二极管伏安特性曲线的测试、三极管输入—输出特性曲线的测试与绘制、共射放大电路有关参数的测试、多级放大器有关参数的测试、场效应管及其放大器的测试、负反馈对放大器性能的影响、LC 调谐放大器的调试、LC 正弦波振荡器的调试、集成运放的主要应用、OTL 功率放大器的调测、可控硅特性测试、集成逻辑门电路逻辑功能的测试、译码显示电路的测试、集成触发器逻辑功能的测试、异步二进制计数器。

2. 分析教材的编写意图和教材特点

《电子技术基础》（第二版）教材的编写意图就是让学生了解和掌握电子技术的基本理论知识和基本技能，为后续的专业课程奠定基础。

基本理论知识包括：半导体器件的基础知识、整流与滤波电路、基本放大电路、反馈与振荡的基础知识、逻辑门电路、数字逻辑基础、组合逻辑电路、集成触发器、时序逻辑电路。了解了这些基本理论，后续的应用（直流稳压电源、可控硅及其应用、脉冲波形的产生和整形电路、A/D 和 D/A 转换器）就有了理论依据。

基本技能包括：二极管伏安特性曲线的测试、三极管输入—输出特性曲线测试与绘制、共射放大电路有关参数的测试、多级放大器有关参数的测试、场效应管及其放大器的测试、负反馈对放大器性能的影响、LC 调谐放大器的调试、LC 正弦波振荡器的调试、集成运放的主要应用、OTL 功率放大器的调测、可控硅特性测试、集成逻辑门电路逻辑功能的测试、译码显示电路的测试、集成触发器逻辑功能的测试、异步二进制计数器。这些测试技能是日后生产岗位测试人员必备技能，应该熟练掌握。

《电子技术基础》（第二版）教材特点是：注重基础理论简洁化，注重电子线路实验的测试和调试技能，与中职学校教材要求吻合。

3. 教材的知识体系、结构和深度广度分析

《电子技术基础》教材是处于该专业课程体系的三个平台（素质培养平台、专业知识教育平台和专业技能训练平台）中的专业知识教育平台里，属于专业基础课程。该课程是基础课，既注重基础理论，又强调实验技能。

显然，这门课程在课程体系中占据了重要的地位，其理论授课课时和实验授课课时占比大。中职学生必须很好地掌握这门课程的知识和技能，后续的专业课程学习才有可能学得好。

从教材结构上看，该教材分成模拟电子技术和数字电子技术两个部分。

模拟电子技术主要是介绍对低频模拟信号的处理方法，包括：放大微弱的模拟信号（晶体三极管放大器、场效应管放大器、功率放大器和运算放大器）、产生模拟信号（RC 正弦波振荡器、LC 正弦波振荡器、方波发生器、比较器等），以及处理模拟信号（整流、滤波等）。按照器件结构从简单到复杂来看，包括二极管、晶体三极管、场效应三极管、集成运算放大器、功率放大集成电路、稳压集成电路等，都是半导体器件。

数字电子技术主要介绍对数字信号的处理方法，包括：组合逻辑器件（逻辑门、编码器、译码器、加法器和显示器等）、时序逻辑器件（RS 触发器、JK 触发器、D 触发器和 T 触发器等）、逻辑电路应用（脉冲信号发生器、A/D 和 D/A 转换器等）。

从教材的内容看，教材注重模拟电子技术和数字电子技术最基本电子元器件的功能介绍和对这些元器件参数进行测试的方法，而对元器件本身的工作原理细节的关注不够。例如：在讲述半导体二极管这一章节中，对PN 结的形成过程（漂移运动和扩散运动）和形成机理（多数载离子、少数载离子、势垒区、内电场等）基本未涉及，而是直接把 PN 结的单向导电性这一结论讲出来，并用实验进行验证。从第十五章专门介绍十个实验的演示以及教材最后十五个实验的具体介绍就可以看出，教材注重实验技能，也就是说，通过大量的实验教学让学生理解这些基本元器件的工作原理、测试方法和使用方法。因而，不会花篇幅在这些抽象的概念上，并且这些概念的论述要以物理课程中的电学知识为基础，这超出了中职学校教学大纲的要求。

可见，该教材的深度较浅，广度适中，满足中职学校专业教材规范。

4. 教材的重点和难点分析

分析教材的重点和难点是教学设计准备工作的主要环节之一。如果不进行重点和难点分析，每个知识点的讲授课时平均分配，就会出现学生学习简单的内容一学就会，学习难点和重点的内容就囫囵吞枣的情况，长久下去，知识系统之间的链接就会断裂，知识碎片化，学生学习效果差。对教材进行重点和难点分析，在讲授新课时，就可以有的放矢，把难点和重点讲透，还可以采用多种教学方法（如实验验证、实践操作等）让学生掌握这些重点和难点知识。《电子技术基础》（第二版）教材的重点和难点如表 3-1 所示，教材中后一章的知识是以前一章内容作为基础的，学生掌握了前一章知识的重点和难点，就为后一章的学习打下良好的基础。

表 3-1　《电子技术基础》（第二版）教材分析表

章节	重点	难点	拟采取的教学方法
第一章 半导体器件的基础知识	二极管的特性及其主要参数、晶体三极管输出特性及其主要参数、场效应三极管的结构和工作原理	二极管及三极管的主要参数、晶体三极管和场效应三极管的放大原理	实验验证法、多媒体演示方法
第二章 整流与滤波电路	单相桥式整流电路的工作原理、负载与整流二极管的电压电流关系、滤波电路设计和二极管的应用电路	整流电路中二极管参数选择、滤波电路中元件参数选择	专业软件仿真方法、实验验证方法
第三章 基本放大电路	放大电路的静态工作点、放大电路的动态分析、稳定静态工作点方法、多级放大电路和调谐放大电路	稳定静态工作点的方法、调谐放大电路	讲解法、软件仿真方法
第四章 反馈与振荡的基础知识	反馈的概念和类型、反馈对放大器性能的影响、振荡的概念与原理、LC 和 RC 振荡电路	反馈的类型判断、振荡的原理	讲解法、实验验证法
第五章 集成运算放大器	差动放大电路、OCL 和 OTL 电路、集成运放的参数、集成运算放大器的应用	差动放大电路原理、功放电路	实践制作方法、讲解法
第六章 直流稳压电源	晶体管稳压电源、集成稳压电源	提高串联型稳压电路的措施、可调式输出稳压电路	实际制作方法、讲解法、专业软件仿真法

（续表）

章节	重点	难点	拟采取的教学方法
第七章 可控硅及其应用	可控硅的结构及工作原理、触发电路、可控硅应用电路	工作原理、触发原理	讲解法、实验验证法
第八章 逻辑门电路	晶体管开关特性、基本逻辑门电路、TTL 集成逻辑门电路、CMOS 逻辑门电路	晶体管逻辑门的带负载能力、各种逻辑门的应用	讲解法、实验验证法、实际制作法
第九章 数字逻辑基础	数制、逻辑代数基本公式、逻辑代数化简、逻辑函数的卡诺图化简	数制转换、卡诺图化简方法	讲解法
第十章 组合逻辑电路	组合逻辑的分析和设计方法、编码器、译码器、显示器、加法器	组合逻辑的分析与设计方法、显示器电路	讲解法、实际制作方法、软件仿真方法
第十一章 集成触发器	RS 触发器、JK 触发器、集成触发器的应用	集成触发器的应用、各个状态高低电平分析	讲解法、实验验证方法
第十二章 时序逻辑电路	时序逻辑电路的结构、寄存器、二进制计数器、十进制计数器、时序逻辑电路的应用	同步和异步计数器的分析与设计、时序逻辑电路的应用	软件仿真方法、讲解法
第十三章 脉冲波形的产生和整形电路	脉冲的概念、RC 波形变换电路、多谐振荡器、单稳态触发器、施密特触发器、555 定时器	多谐振荡器、施密特触发器	讲解法、实验验证法、软件仿真法
第十四章 A/D 和 D/A 转换器	数模转换电路、模数转换电路	倒 T 型电阻数模转换电路	讲解法

（续表）

章节	重点	难点	拟采取的教学方法
第十五章 课堂演示实验	晶体二极管单向导电性、发光二极管应用电路、单相整流电路、单相整流与滤波电路、并联型直流稳压电源、固定偏置共发射极放大电路、LC 正弦波振荡器、可控硅工作原理、JK 触发器、计数、译码、显示电路	—	—
实验	二极管伏安特性曲线的测试、三极管输入输出特性曲线测试与绘制、共射放大电路有关参数的测试、多级放大器有关参数的测试、场效应管及其放大电路的测试、负反馈对放大器性能的影响、LC 调谐放大器的调试、LC 正弦波振荡器的调试、集成运放的主要应用、OTL 功率放大器的调测、可控硅特性测试、集成逻辑门电路逻辑功能的测试、译码显示电路的测试、集成触发器逻辑功能的测试、异步二进制计数器	—	—

5. 教学初步设计

理清了教材的重点和难点，在进行教学设计时，主要考虑这些重点和难点的讲解方法。例如，第一章中半导体器件的基础知识，重点是掌握二极管、三极管和场效应管的特性及参数。由于教材在上述器件的工作原理上介绍较少，且内容较为抽象，教师在实际教学设计时，会更侧重于课堂实验演示，以及实际测试绘制等方法，让学生理解并掌握这些器件的输入—输出特性。第一章的学习是为第二章和第三章的学习做铺垫的，可以将第二章、第三章的经典电路作为课堂实验演示的基本电路，这样，就保证了知识的连贯性，又能够将某个经典电路讲透，提高教学效果和教学质量。

第四章　应用电子技术专业教学资源开发

一、应用电子技术专业教学资源分类和特点

教学资源也称课程资源，就是课程与教学信息的来源。教学资源的概念有广义与狭义之分。广义的教学资源指有利于实现课程和教学目标的各种因素，狭义的教学资源仅指形成课程与教学的直接因素来源。

（一）教学资源的分类

按照其形态，教学资源分为有形资源和无形资源。有形资源包括教材、教具、仪器设备等有形的物质资源；而无形资源的范围则更广一些，包括学生已有的知识和经验、家长的支持态度和能力等。在实际教学工作中，这些教学资源都不可或缺。

按照其性质，教学资源分为素材性资源和条件性资源两大类。素材性资源包括知识、技能、经验、活动方式与方法、情感态度和价值观、培养目标等方面的因素，不同的素材占有不同的地位，有的处于重要位置，有的处于次要位置；条件性资源包括直接决定课程实施范围和水平的人力、物力和财力，如时间、场地、媒介、设备、设施和环境等因素，条件性资源取决于外部条件。

按照其分布情况，教学资源分为校内资源、校外资源和网络化资源。校内资源，主要包括本校教师、学生、学校图书馆、实验室、专用教室、动植物标本、矿物标本、教学挂图、模型、录像片、投影片、幻灯片、电影片、录音带、电脑软件、教科书、参考书、练习册，以及其他各类教学设施和实践基地等；校外资源，主要指公共图书馆、博物馆、展览馆、科技馆、家长、校外学科专家、上级教研部门、大学设施、研究机构、有关政府部门、其他学校的设施、学术团体、野外、工厂、农村、商场、企业、公司、科技活动中心、少年宫、社区组织、电视、广播、报纸杂志等广泛

的社会资源及丰富的自然资源；网络化资源则主要指多媒体化、网络化、交互化的以网络技术为载体开发的校内外资源。

上述三种分类，只要便于学校对教学资源进行开发和利用，采用何种方式划分都有其合理性。总体上说，三种课程资源的划分都比以前更能够反映课程改革的实际，教学资源的范畴更大，也更科学。学校建立起自身对教学资源比较合理和科学的观念，有助于教学资源得到合理的拓展和整合，从而对课程实施产生实效。

（二）教学资源的特点

教学资源是教师教学过程中所利用的资源，具有以下三个特点：

1. 教学资源的广泛多样性

教学资源不单单指教科书，也不限于学校内的各种资源。它具有广泛的多样性，因为它涉及学生学习与生活环境的方方面面，所有有利于课程实施、有利于达到课程目标和实现教育目的的资源都是教学资源。另外，教学资源广泛多样性的特点还体现在其价值、开发与利用的方法途径等方面。

2. 教学资源的多值性

教学资源的多值性，简单来说就是每个人看事物的角度不同，对此事物的描述就不一样，对其价值的判断，以及使用途径自然也就会不同。同一教学资源对于不同的课程来说有不同的用途和价值，因此教学资源具有多值性的特点。

3. 教学资源的客观性

事物是客观存在的，教学资源也不例外。与学校的正式课程相比，教学资源可能不那么规范、系统，教师可以根据课程目标和课程设计需要，对教学资源进行筛选、改造后加以利用。

二、应用电子技术专业教学资源开发途径

教学资源开发的关键是充分合理开发，使之成为课程的有机组成部分，实现其应有的课程意义与价值。总的来说，教学资源的开发大致有以下四个途径，这些途径并不是截然分开的，在开发的时候需要有机地整合在一起。

1. "以学生为本"开发教学资源

"以学生为本"是教学资源开发的重要导向。"以学生为本"就是要以

学生为出发点，所有的课程最终落实到学生的身上，开发出来的教学资源也是为他们服务的。从下列两方面进行分析：

第一，要对学生各方面的素质现状进行调查分析，看看这些学生的素质到底达到了多高的水平，这实际上也是对学生接受和理解教学资源能力的一种摸底。不同学校乃至不同班级学生的水平都是不一样的。在开发教学资源的过程中，学生理解水平差异不仅影响到教学资源的内容选择，还直接关系到教学资源开发的深度和广度。对于文化素质不高的学生班级，应该开发出适应他们学习的教学资源，循序渐进地教学；对于文化素质较高的学生班级，也要适度地增加教学资源开发的深度和广度，以满足学生学习能力和学习兴趣的要求。

第二，要对学生的兴趣以及他们喜爱的活动进行研究，在此基础上开发教学资源。从学生的兴趣着眼开发出来的教学资源，是学生自己的教学资源，从某种程度上说也是最适合他们的，吸引他们参与进来，可以充分调动他们的积极性。

2. "因地制宜"开发教学资源

由于各地的经济水平差异和对教学资源开发的重视程度不一样，教师开发教学资源时，要因地制宜地利用各种师资条件。师资条件是开发教学资源的基础要素，也制约着对教学资源的有效利用。学生对一些教学资源需求强烈，也非常感兴趣，但是限于师资的水平和特点，教师没有能力去开发，或是开发出来效果不好。应该从学校现有的师资情况出发，看看教师具有什么样的素质，他们在哪些方面有专长，在这个基础上去开发教学资源，教师们才能游刃有余，这种开发教学资源的方法更加实际有效。

3. 从学校的特色出发开发教学资源

所谓学校的特色也就是学校的资源优势，这种优势既可以是精神文化等软件方面的，也可以是设施设备等硬件方面的。利用好学校教学资源的优势，有利于促进学校进一步形成办学特色。

4. 从社会的需要出发开发教学资源

开发教学资源还可以从社会的需要出发。学校培养的人才最终是要服务社会的，毕竟学校的主要任务之一，就是要为社会输送合格的人才。从社会需求的角度开发教学资源，培养学生在这些方面的素质，可以让学生将来较好地适应社会。

三、应用电子技术专业教学资源的开发内容

应用电子技术专业教学资源很多。为了较好地讲授知识，在现有的技术条件下可以开发制作 PPT、Flash 动画等，运用这些数字化资源辅助教学，提高教学质量。另外，对应用电子技术专业学生来说，专业的仿真软件也是教学资源开发的主要内容之一，这里重点介绍 Multisim 电路仿真软件的使用方法。

（一）Multisim 介绍

Multisim 是美国国家仪器（NI）有限公司推出的以 Windows 为基础的仿真工具，适用于板级的模拟/数字电路板的设计工作。它包含了电路原理图的图形输入、电路硬件描述语言输入方式，具有丰富的仿真分析能力。

工程师们可以使用 Multisim 交互式地搭建电路原理图，并对电路进行仿真。Multisim 提炼了 SPICE 仿真的复杂内容，这样工程师无须懂得深入的 SPICE 技术就可以很快地进行捕获、仿真和分析新的设计，这也使其更适合电子学教育。通过 Multisim 和虚拟仪器技术，PCB 设计工程师和电子学教育工作者可以完成从理论到原理图捕获与仿真再到原型设计和测试这样一个完整的综合设计流程。

1. Multisim 组成

Multisim 由以下软件构成：构建仿真电路；仿真电路环境；单片机仿真；FPGA、PLD、CPLD 等仿真；通信系统分析与设计的模块；层板 32 层的快速自动布线，强制向量和密度直方图；自动布线模块。

2. 仿真的内容

仿真的内容包括：器件建模及仿真；电路的构建及仿真；系统的组成及仿真；仪表仪器原理及制造仿真。

（二）使用方法

启动 Multisim 2010 后，将出现如图 4-1 所示的界面。

界面由多个区域构成，如菜单栏、工具栏、电路输入窗口、状态条、列表框等。用户通过对各部分的操作可以实现电路图的输入、编辑，并根据需要对电路进行相应的观测和分析，也可以通过菜单或工具栏改变主窗口的视图内容。

菜单栏位于界面的上方，通过菜单可以对 Multisim 的所有功能进行操作。

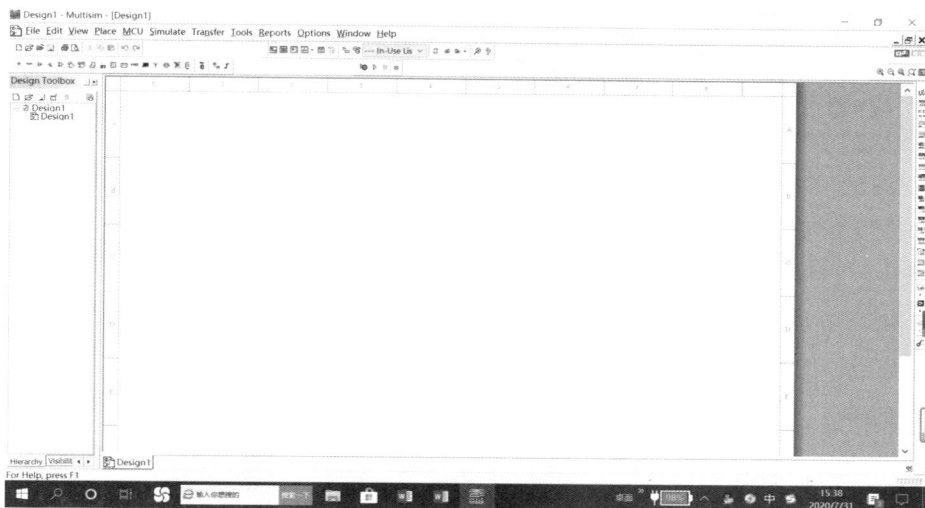

图 4-1　Multisim 软件启动界面

　　不难看出菜单中有一些与大多数 Windows 平台上应用软件一致的功能选项，如 File、Edit、View、Options、Help 等。此外，还有一些 EDA 软件专用的选项，如 Place、Simulate、Transfer 以及 Tools 等。

1. File

　　File 菜单中包含了对文件和项目的基本操作以及打印等命令，如图 4-2 所示。

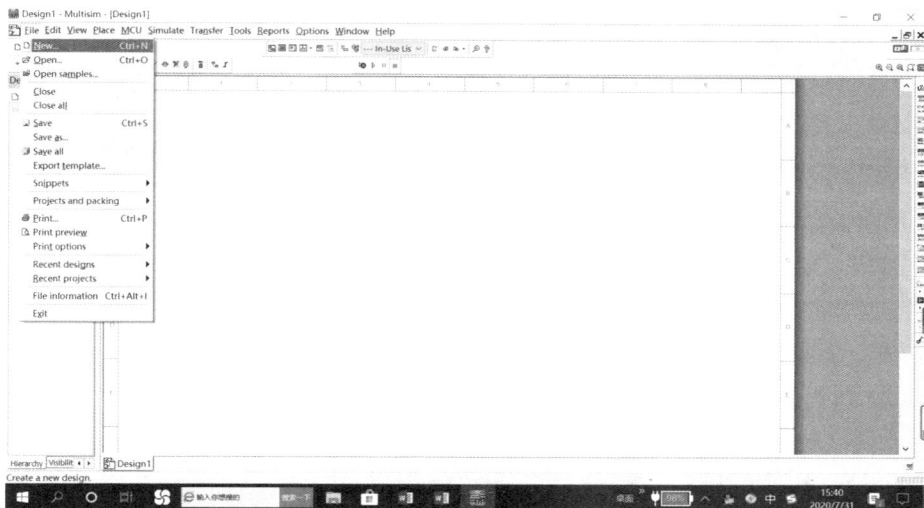

图 4-2　File 菜单界面

命令	功能
New	建立新文件
Open	打开文件
Close	关闭当前文件
Close all	关闭所有文件
Save	保存
Save as	另存为
Exit	退出 Multisim

2. Edit

Edit 命令提供了类似于图形编辑软件的基本编辑功能，用于对电路图进行编辑，如图 4-3 所示。

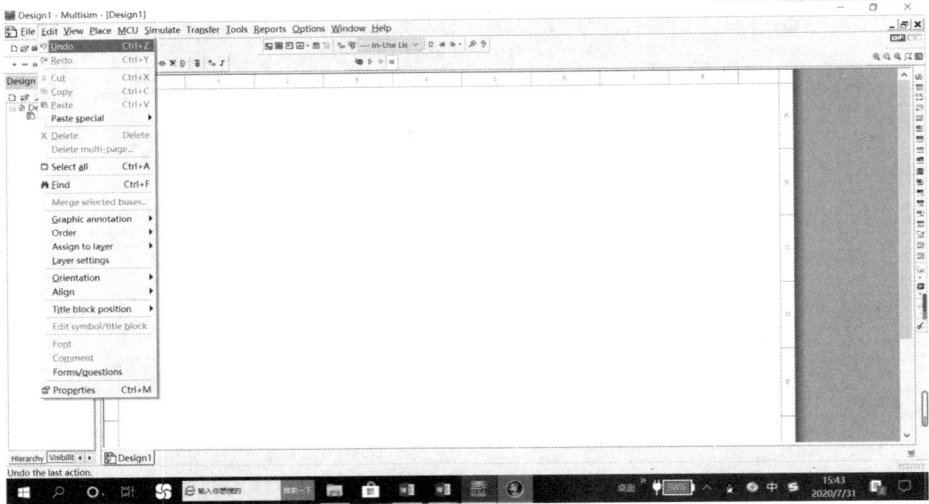

图 4-3 Edit 菜单界面

命令	功能
Undo	撤销编辑
Cut	剪切
Copy	复制
Paste	粘贴
Delete	删除
Select all	全选

3. View

通过 View 菜单可以决定使用软件时的视图，对一些工具栏和窗口进行控制，如图 4-4 所示。

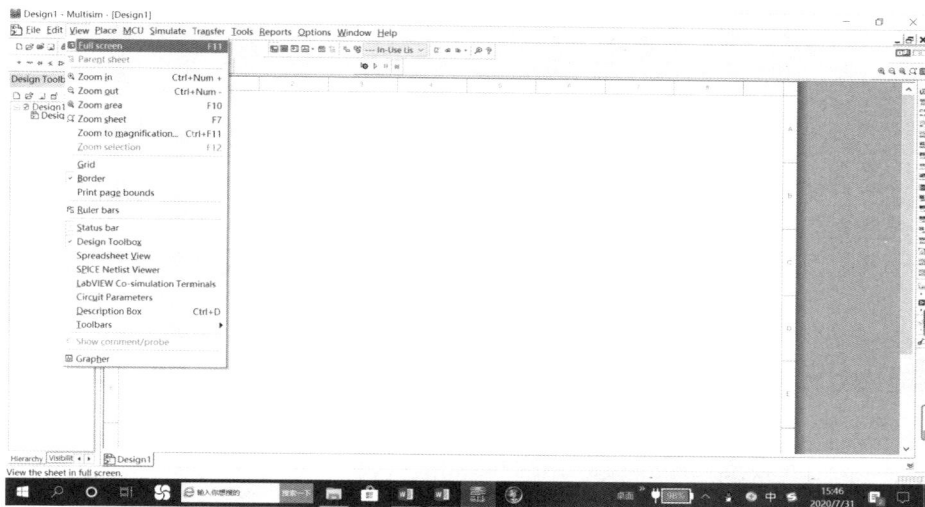

图 4-4　View 菜单界面

命令	功能
Toolbars	显示工具栏
Status bars	显示状态栏
Zoom in	放大显示
Zoom out	缩小显示
Zoom sheet	缩放工作表
Zoom to magnification	缩放到最大
Grid	网格标记
Border	边界
Print page bounds	打印页面边界

4. Place

通过 Place 命令输入电路图，如图 4-5 所示。

命令	功能
Component	放置元器件
Junction	放置连接点

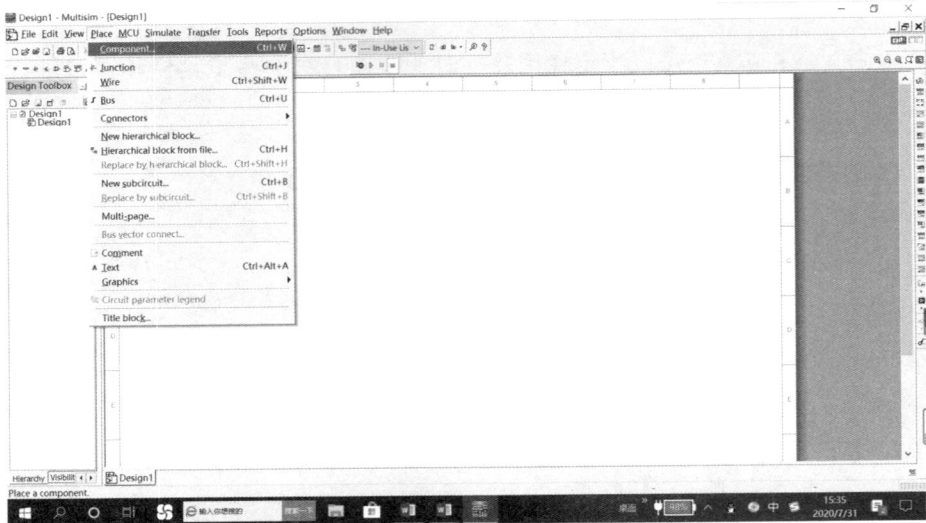

图 4-5 Place **命令界面**

Bus	放置总线
Wire	放置连线
Place input/output	放置输入/出接口
Place hierarchical block	放置层次模块
Text	放置文字
Place text description Box	打开电路图描述窗口，编辑电路图描述文字
Replace component	重新选择元器件替代当前选中的元器件
Place as subcircuit	放置子电路
Replace by subcircuit	重新选择子电路替代当前选中的子电路

5. Simulate

通过 Simulate 菜单执行仿真分析命令，如图 4-6 所示。

命令	功能
Run	执行仿真
Pause	暂停仿真
Stop	停止仿真
Instruments	选用仪表（也可通过工具栏选择）
Analyses	选用各项分析功能
Postprocessor	启用后处理

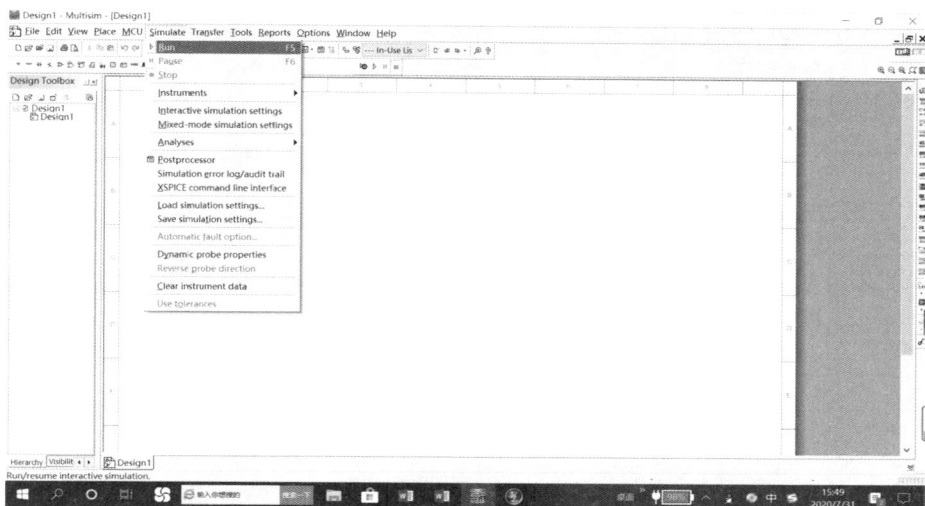

图 4-6　Simulate **菜单界面**

6. Transfer

Transfer 菜单提供的命令可以完成 Multisim 对其他 EDA 软件需要的文件格式的输出，如图 4-7 所示。

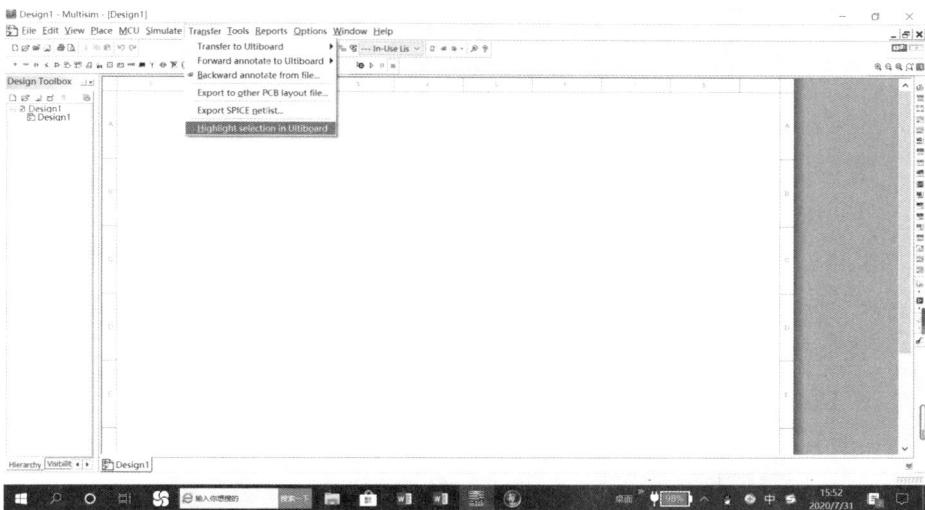

图 4-7　Transfer **菜单界面**

命令	功能
Transfer to Ultiboard	将所设计的电路图转换为 Ultiboard 的文件格式
Forward annotate to Ultiboard	将前端注释转换为 Ultiboard 的文件格式

Back annotate from file   将文件中所做的修改标记到后端注释

Export SPICE Netlist   输出 SPICE 电路网表文件

7. Tools

Tools 菜单主要针对元器件的编辑与管理的命令，如图 4-8 所示。

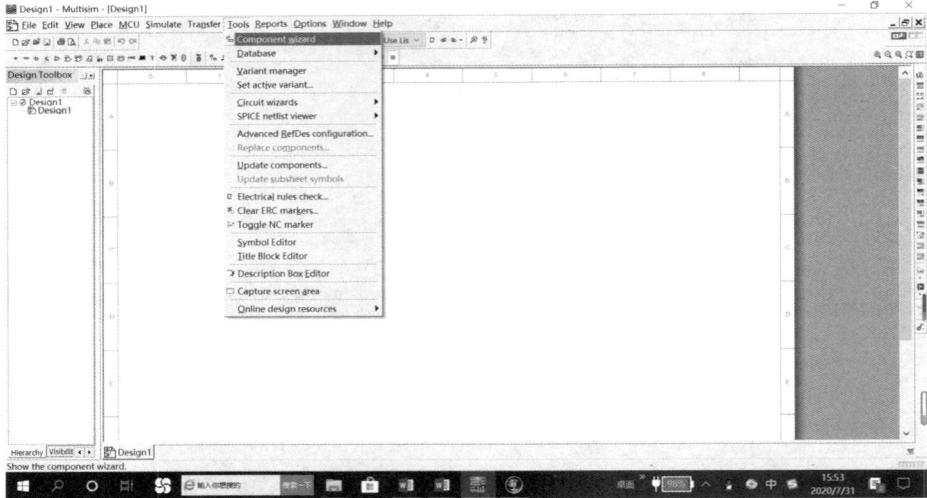

图 4-8   Tools 菜单界面

命令   功能

Component wizard   文件创建向导

Database   资料库

Variant manager   变量管理器

Set active variant   设置激活变量

Circuit wizards   电路向导

SPICE netlist viewer   SPICE 电路网表浏览器

8. Options

通过 Option 菜单可以对软件的运行环境进行定制和设置，如图 4-9 所示。

命令   功能

Global options   全局选项

Sheet properties   图表属性设置

Lock toolbars   锁定工具栏

Customize interface   自定义界面

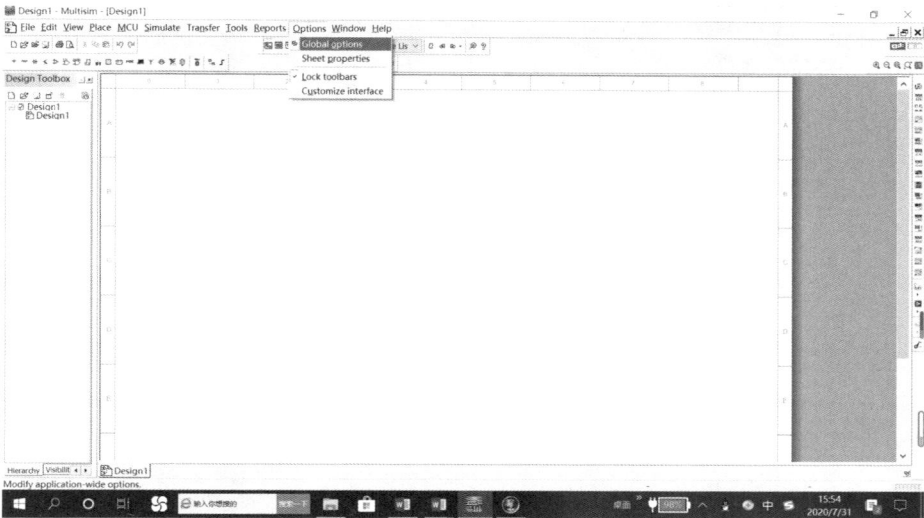

图 4-9 Option **菜单界面**

9. Help

Help 菜单提供了对 Multisim 的在线帮助和辅助说明，如图 4-10 所示。

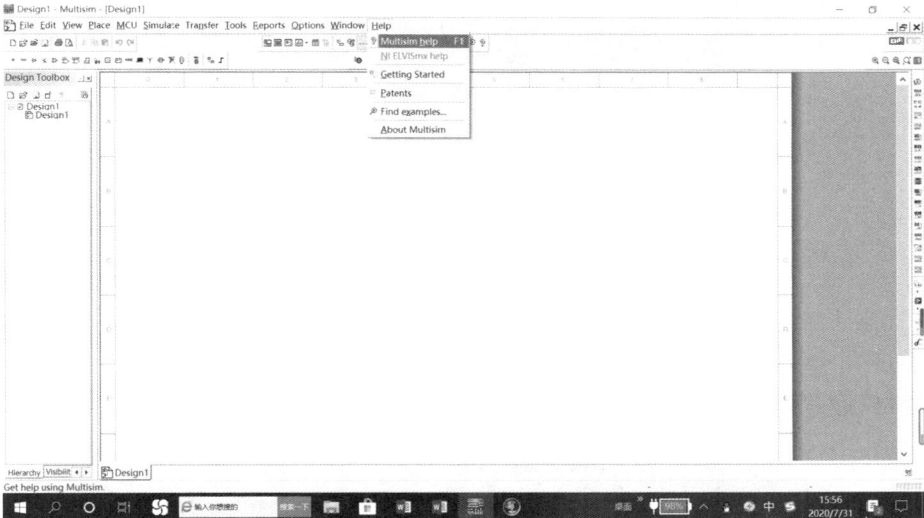

图 4-10 Help **菜单界面**

命令	功能
Multisim help	Multisim 的在线帮助
About Multisim	Multisim 的版本说明

（三）应用举例

画电路图的第一步是选择放置元件方法，如图 4-11 所示。

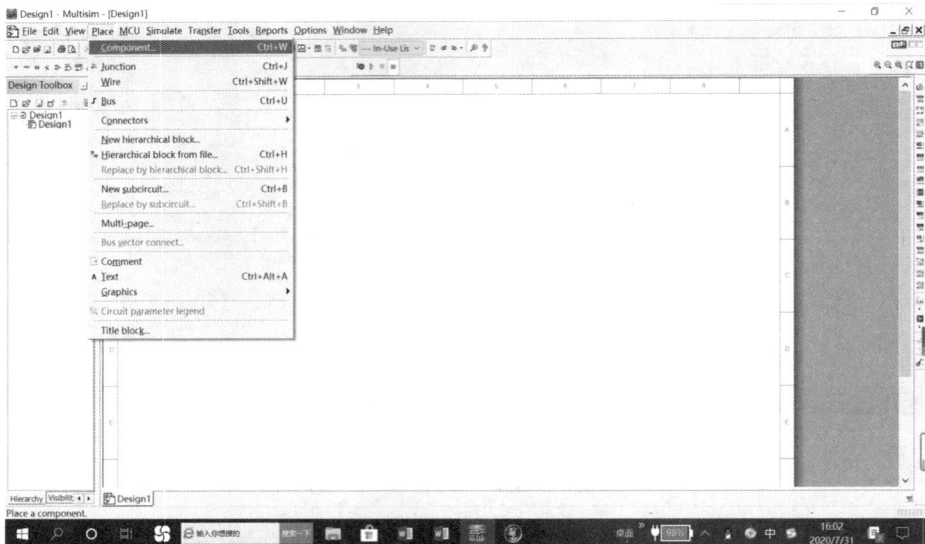

图 4-11　放置元件位置

第二步，选择元件型号及参数，如图 4-12 所示。

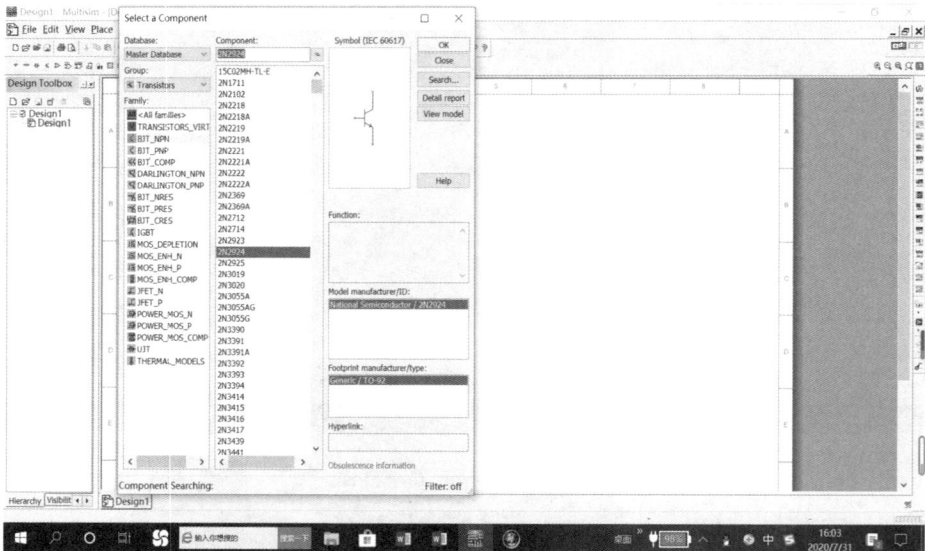

图 4-12　选择元件界面

第三步，放置元件，如图 4-13 所示。

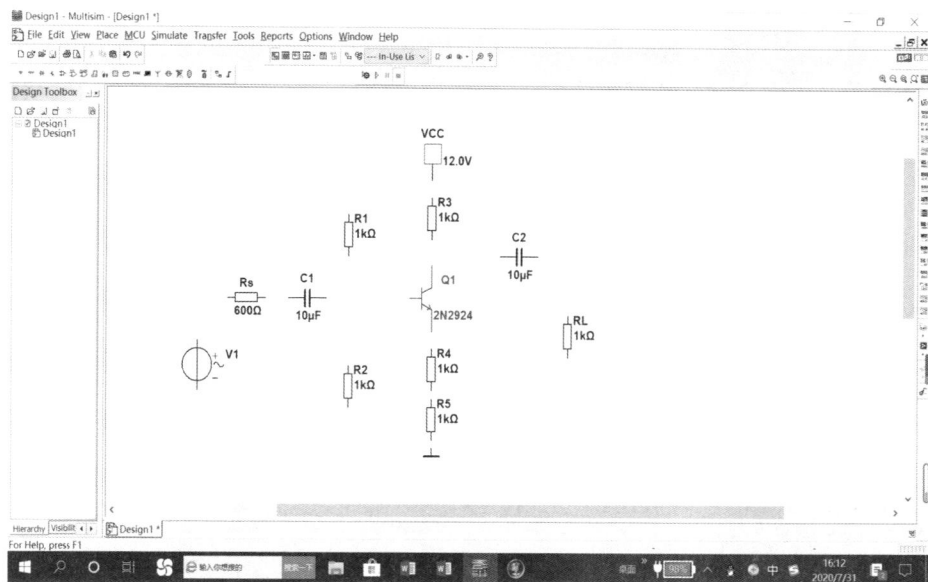

图 4-13 各种元件显示

第四步，将各元件用连接线连起来，形成完整电路图，如图 4-14 所示。

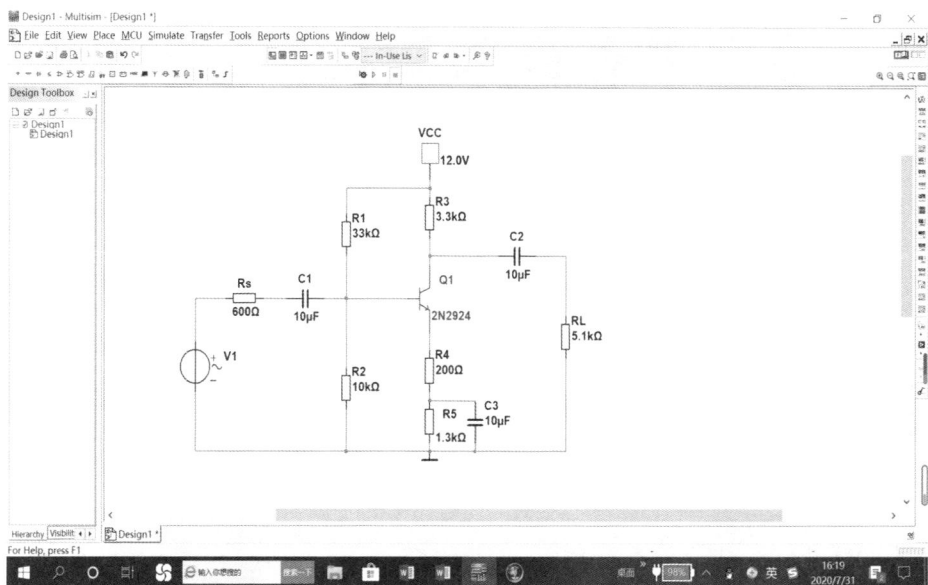

图 4-14 完整电路图显示

第五步，放置信号源和示波器进行仿真，如图 4-15、4-16 所示。

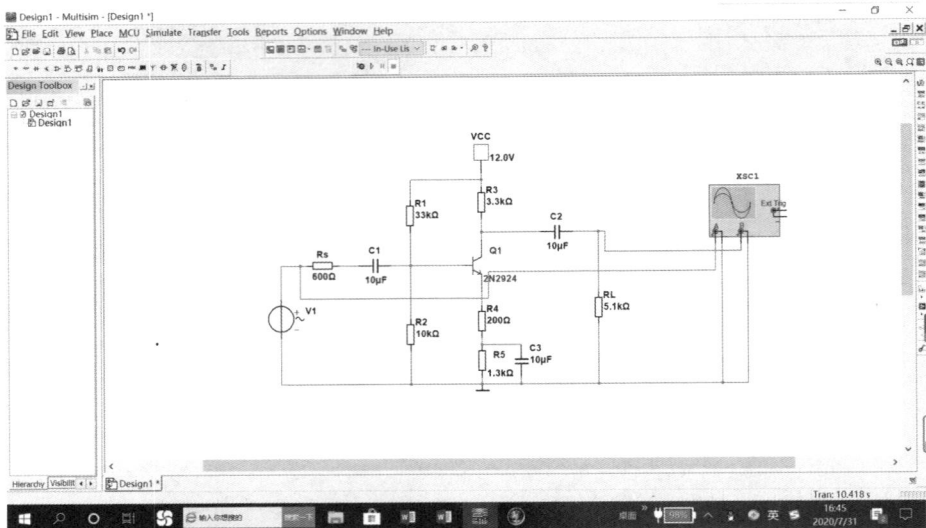

图 4-15　仿真电路

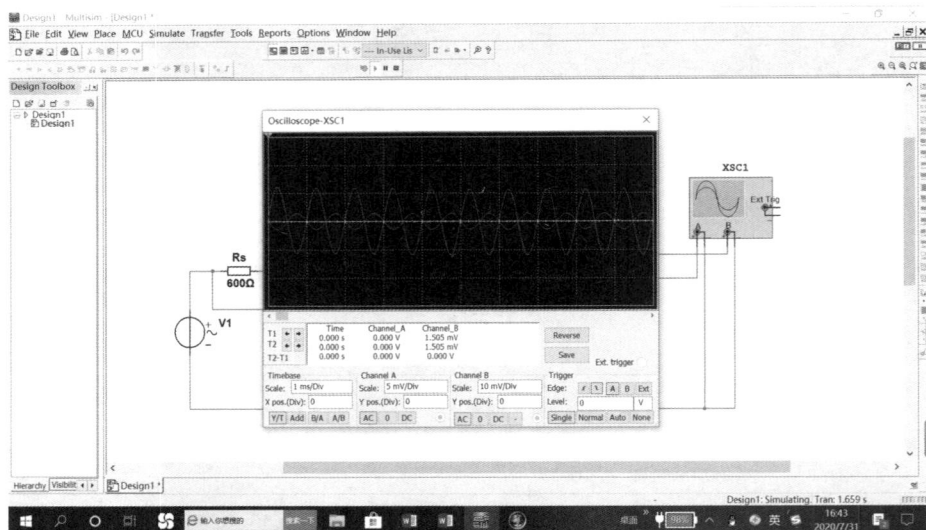

图 4-16　仿真波形

第五章　应用电子技术专业的教学方法

一、中等职业教育教学方法的体系构成

教学方法是教学过程中教师与学生为实现教学任务和教学目标的要求，在教学活动中所采取的行为方式的总称。教学方法受到特定的教学内容、具体教学组织形式以及教育教学价值观念的影响。首先，教学方法总是要依据特定的教材内容设计，必须在教学活动中把两者有机地结合起来。其次，教学方法也要受到教学组织形式的制约，不同的教学组织形式，不可能采用统一的教学方法。最后，教育教学价值观念在一定程度上也影响和决定教学方法的选择与运用。

（一）教学方法的分类

在教学中可使用的教学方法有很多种，对其进行科学的分类，有助于教师正确认识和选择合适的教学方法。

1. 依据学习对象分类

依据学习对象，可以把教学方法分为认知领域学习的教学方法、技能领域学习的教学方法、情感领域学习的教学方法和能力整合学习的教学方法四类。

认知领域学习的教学方法包括讲授法、演示法、研讨法、案例研究法、项目法、角色扮演法等；技能领域学习的教学方法包括演示法、见习实习法、模仿训练法、研讨法、实训法等；情感领域学习的教学方法包括讲授法、讨论法、谈话法等；能力整合学习的教学方法包括讲授法、演示法、讨论法、案例研究法、项目法等。

2. 依据教学作用分类

巴班斯基根据教学方法的作用，将教学方法分为组织和实施学习认识

活动方法、激发学习和形成学习动机方法、检查和自我检查教学效果方法三类。

组织和实施学习认识活动方法，按照传递和接受教学信息来源分类分为口述法、叙述法、谈话法、演讲法、直观法、图示法、演示法、操作法、实验法、练习法等；按照传递和接受教学信息逻辑分类分为归纳法、演绎法、分析法、综合法等；按照学生掌握知识独立性分类分为再现法、探索法、研究法等；按照控制学生学习活动过程分类分为指示独立作业法、读书法、书面作业法、实验室作业法、劳动作业法等。

激发学习和形成学习动机方法，按照激发学生学习兴趣分类分为游戏教学讨论法、创设道德体验情景法、创设统觉情景法、创设认识新奇情景法等；按照学生形成学习动机分类分为说明学习意义法、提出要求法、完成要求法、练习奖励法等。

检查和自我检查教学效果方法，分为个别提问法、口头考察法、程序式提问法、书面作业法、测验法、书面考察法、实验室测验作业法、机器测验法等。

3. 依据教学方法分类

教学方法可以分为以语言传递为主的教学方法、以直接感知为主的教学方法、以实际训练为主的教学方法三类。

（1）以语言传递为主的教学方法。

①讲授法。讲授法是指教师运用口头语言系统地向学生讲解理论知识，其特点是短时间内使学生可以获得大量系统的科学知识，有利于学生智力发展。讲授法主要用于传授理论知识。

②谈话法。谈话法是指教师根据学生掌握知识的程度，引导学生对所提问题得出结论的方法。其特点是充分激发学生的思维活动，有利于照顾每个学生的个性，便于检查教学效果。该方法主要用于知识学习复习、巩固理论知识等教学环节。

③讨论法。讨论法是指在教师的指导下，一组学生围绕某一个问题进行讨论，发表自己的看法，进行相互学习。其特点是学生互相启发，集思广益，可以提高认识，加深理解，同时还能够激发他们的学习热情，训练语言表达能力。

（2）以直接感知为主的教学方法。

①演示法。演示法是指教师配合讲授，把实物、教具展示给学生，或者通过示范性操作来说明或印证所要传授的知识。教师在使用演示法时经常会用到实物、模型、图片、幻灯片、PPT 等辅助教学。

②参观法。参观法是指教师组织学生到现场进行实地观察、研究，从而获得新知识或者巩固、验证已学知识的一种方法。

演示法和参观法常用于技能印象的形成、操作技能和操作定向的设定等。

（3）以实际训练为主的教学方法。

①实习法。实习法是指教师在校内外组织学生进行实际操作，把理论知识应用于实践的一种教学方法。在职业技术教育的教学实践中，该方法具有重要的意义。

②实验法。实验法是指教师指导学生运用一定的仪器设备完成作业，以获取理论知识和技能的一种教学方法。

③练习法。练习法是指在教师的指导下，学生通过反复练习，巩固理论知识，掌握技能和技巧。以练习法为主的教学方法可用于操作模仿、操作整合、操作熟练等阶段。

（二）中等职业教育教学方法

中等职业教育教学方法中的行动导向教学法是一种能力本位的教学方法，包括项目教学法、头脑风暴法、案例教学法、引导课文教学法、任务驱动法。

1. 项目教学法

项目教学法是通过一个完整的项目来进行实践教学的教学方法。项目一定是基于工作过程的，可以是开展一项调查、提供一种服务、生产一件产品等，同时还应该满足一些条件。

（1）教学内容具有一定的应用价值；

（2）能将某一个教学内容的理论知识和实际技能结合起来；

（3）与企业的生产过程或者商业经营活动有直接关系；

（4）学生在一定的时间内可以自行组织安排自己的学习任务；

（5）有明确而具体的成果展示；

（6）项目工作具有一定的难度，要求学生运用新学习的知识、技能，解决过去从未遇到过的问题；

（7）项目结束时，师生共同评价项目工作成果。

在项目教学中，学习过程成为人人参与的创造实践活动，教师注重的是项目完成的过程，而不是最终结果。学生通过项目实践能够理解和把握课程要求的知识与技能，体验创新的艰辛和乐趣，培养分析问题、解决问题的思维和方法。

项目教学法的实施可以分为六个步骤：

（1）项目开发准备。教师在项目开发前要让学生了解项目开发的意义、项目应完成的功能、项目需要的技术以及学习方法等内容。

（2）成立项目小组。根据项目的难易程度、学生的个人能力以及班级人数等因素成立项目小组。项目组长由项目组成员选定，其职责是在老师的指导下编写小组的项目开发计划、分配各组员任务、监督项目实施等。

（3）编写项目开发计划书。项目组长在老师的指导下，和小组成员一起编写项目开发计划书。

（4）项目实施。项目实施是项目教学法的核心环节。教师要及时对学生进行指导，解决学生在开发项目过程中遇到的难题，督促学生按时按量完成计划书的各个开发环节，保证学生顺利地完成项目开发，达到教学目标要求。

（5）项目评估。项目完成后进行一个评估。采用分组讲解、展示项目成果，由学生和教师共同评价的方式进行。

（6）项目总结。项目完成后进行一个总结。在项目开发过程中，做得好的，得出经验；做得不好的，总结教训。

2. 头脑风暴法

头脑风暴法是教师和学生讨论、收集解决问题的意见与建议，通过集体讨论，集思广益，使学生对某一个课题获得大量的认知，经过组合和改进，产生自己的见解，创造性解决问题的教学方法。

头脑风暴法分三个阶段进行：

（1）起始阶段。教师设置情景，说明要解决的问题，鼓励学生进行创造性思维活动，形成问题讨论氛围，并引导学生进入议题。

（2）提议阶段。学生表达自己的想法，教师要尽可能地调动学生的积极性，并避免其他同学对发言的同学进行评论。

（3）总结阶段。当提出的问题已经解决，教师进行归纳总结，给出一个或者几个解决方案。

3. 案例教学法

案例教学法是指教师选用专业实践中常见的具有一定难度的典型案例，组织学生进行分析和讨论，给出解决问题建议的一种教学方法。

案例教学法分四个阶段进行：

（1）学生准备阶段。学生阅读案例材料，搜集必要的信息。教师也可以给学生列出一些思考题，让学生积极思考，准备充分。

（2）小组准备阶段。将学生分成若干组，每组 3～6 人，每组选出一人为组长，负责小组活动。小组活动时，教师不加干涉。

（3）大组讨论阶段。各小组与老师一起讨论分析案例。在讨论中，教师为配角，学生为发言主体。

（4）总结阶段。充分讨论以后，学生自己进行思考、归纳、总结。总结的内容应集中在学到了什么知识，可以是经验、规律，也可以是获得这些经验或者规律的方法。

4. 引导课文教学法

引导课文教学法是借助一种专门的教学文件（即引导课文）引导学生独立学习和工作的教学方法。引导课文中，包含一系列不同难度的引导问题。学生通过阅读引导课文，可以明确学习目标，了解应该完成什么工作。引导课文教学法分为项目工作引导课文教学法、能力传授引导课文教学法和岗位分析引导课文教学法三种，每个引导文包括任务描述、引导问题、学习目标描述、工作计划、工具与材料需求表等。

（1）项目工作引导课文教学法。它是利用项目与完成项目所需要能力之间的联系，通过完成项目，来掌握各种能力的一种方法。

（2）能力传授引导课文教学法。它是利用一种工具所能够完成的任务和掌握这一工具完成任务所需能力之间的关系来掌握相应能力的一种教学方法。

（3）岗位分析引导课文教学法。它是利用岗位工作对各项能力的要求之间的关系，来引导学生掌握能力的一种学习方法。

引导课文教学法按照以下步骤实施进行：

（1）获取信息。获取信息就是回答引导问题。

（2）制订计划。制订的计划通常为书面工作计划。

（3）作出决定。完成前面的工作后，要与教师讨论工作计划和引导文问题答案。

（4）实施计划。实施计划以便完成工作任务。

（5）检查。工作任务完成后，根据质量监控单，自行或者由他人进行工作过程或者产品质量控制。

（6）评定。评定是指讨论质量检查结果，指出需要改进之处。

5. 任务驱动法

任务驱动法是以任务为主线、教师为主导、学生为主体，以任务来激发学生积极探索欲望的一种教学方法。任务驱动法强调的是教师的引导和学生的参与，以逐步达到学生主动学习的效果。

在教学过程中，任务驱动法按照以下步骤进行：

（1）任务设计。教师根据需要，给出任务书。

（2）任务布置。教师进行任务分析，说明任务的关键知识点，并布置任务（时间、技术指标等）。

（3）任务实施。学生根据教师要求，进行具体的任务实施或是能力的训练。

（4）任务评价。任务完成后，教师以学生实施任务的过程来进行评价，有的还需要在完成任务后进行教学拓展。

二、应用电子技术专业选择教学方法的依据

教学方法的合理选择，直接关系到教学目标能否完美地实现。教学方法的本质是为了达到预期的教学目标和教学效果，把教师如何教、学生如何学，以及所学的相关内容联系起来，使之各自发挥作用，更好地为教学目标和教学任务服务。每一种教学方法都有它独特的作用。因此，教学方法与教学目标、教材内容、学生特征、教师素质、教学环境之间存在着必然的内在联系，教师在选择教学方法的时候基本上都以教学目标、教学内容特点、学情、教师自身专业素质和教学环境条件五个因素为依据。

教学方法的选择在某种程度上首先要看是否有助于教学目标的实现，是否具有可操作性。其次要看教学内容具有怎样的特点。每一个章节在不同的阶段，或是不同的单元，对学生的要求不同，教学内容也会有差异，所以在选择教学方法的时候也是灵活多样的。另外，学情也是我们必须要

考虑的，教学对象不同，我们所选择的教学方法也不同。只有因材施教，为学生实际情况量身定做相应的教学方法，才能达到理想的教学效果。教师自身的专业素养也是要考虑的一个重要因素，教师要充分认识自身的优势，扬长避短，选择符合自身特长的教学方法，达到最好的教学效果。此外，选择教学法也要考虑教学环境条件等因素。

三、两种新型教学方法在应用电子技术专业教学中的应用

虽然在中职教学中可以根据需要选择普通高中的教学方法，但是在中职应用电子技术专业课的教学中只运用这些教学方法是不够的，它们不符合中职学校教学的发展规律。所以寻求一套科学实用的教学方法对中职教育教学的发展很重要。每位教师的思想、审美情趣以及所具备的专业素养都不相同，在教学中，每位教师看问题的角度和选择的教学方法都不一定相同。每位教师都会选择自己得心应手的教学方法，力求达到自己风格特色的教学效果。在讲授一个内容或者一节课中，可以是多种教学方法组合运用，在不同的环节采取不同的教学方法。

（一）MF47 型万用表的组装与调试项目教学的实施

MF47 型万用表的组装与调试项目，教学目的是引导学生了解万用表的组成以及工作原理。教师通过电工技能与实训教学仿真系统演示与实物展示相结合的方式，立体解剖万用表的结构，如图 5-1 所示。这样的教学手段相对传统的文字说教更生动、更丰富、更直观，学生理解起来也更容易、更深刻。

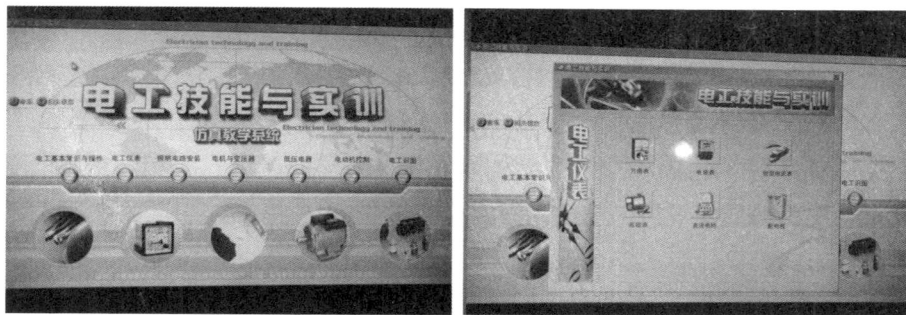

图 5-1 电工技能与实训教学仿真系统

任务一是准备工作。各组准备好安装所需工具，领取万用表的安装套件，按照 6S（整理、整顿、清扫、清洁、素养、安全）标准整理好桌面，

根据材料清单清点材料，如图 5-2 所示。

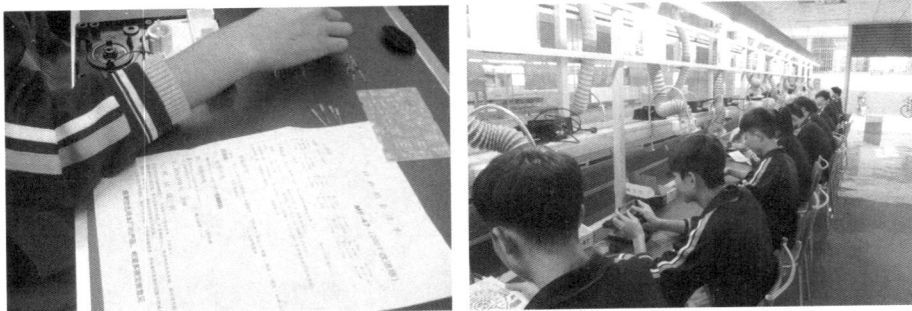

图 5-2 学生在根据材料清单清点材料

任务二是元器件的识别、检测与成形。在检测过程中，有同学提出，元器件测试后用透明胶按顺序粘贴在纸上，旁边写上对应的规格序号和参数值，如图 5-3 所示，这样既能提高效率，又能避免在后面的插件过程中出错。实施任务过程中，每个小组自行分工协作，小组元器件的检测由男生完成，元器件的成形由女生完成，如图 5-4 所示。

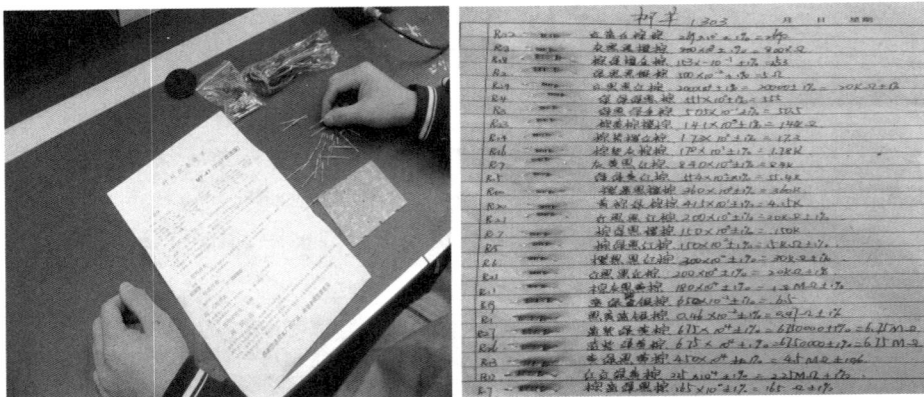

图 5-3 学生记录检测元件的方式

任务三是电路板的装配和焊接，如图 5-5、5-6 所示。采用小组竞争的方式，比比看谁的焊接工艺好，谁的速度快。

任务四是整机装配和调试，如图 5-7 所示。故障排除后，要求学生清理现场，做好 6S 管理，养成训练有素的职业习惯，为就业做好铺垫。

故障排除后，老师让各小组派代表展示自己的作品，演示其功能，如图 5-8 所示。学生可以通过手机拍摄操作过程，并对其进行讲解，充分展示自己的工艺水平。

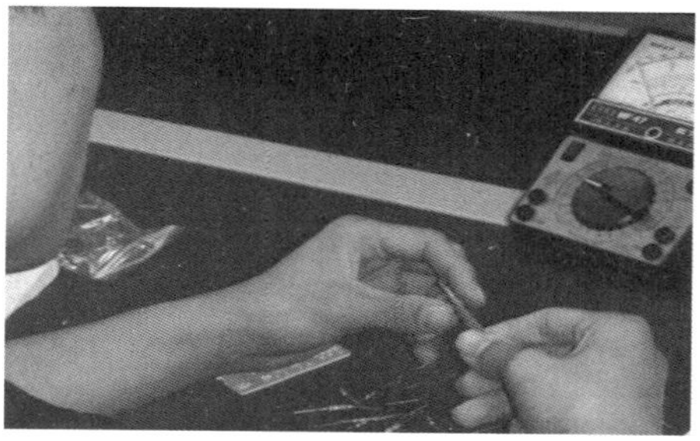

图 5-4 学生在进行元器件弯制成形

图 5-5 学生在进行万用表电路板的焊接

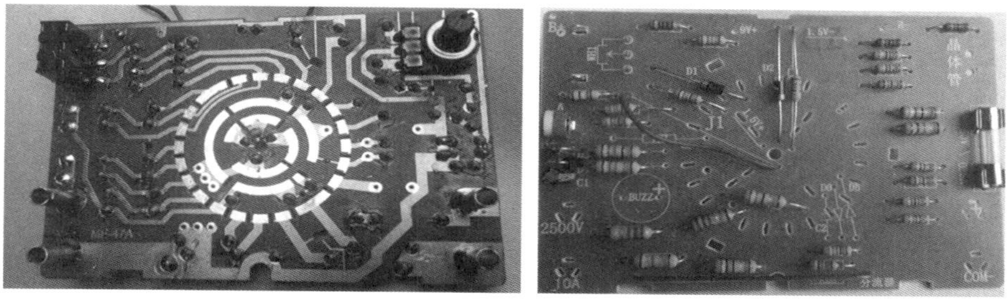

图 5-6 学生焊接的万用表电路板

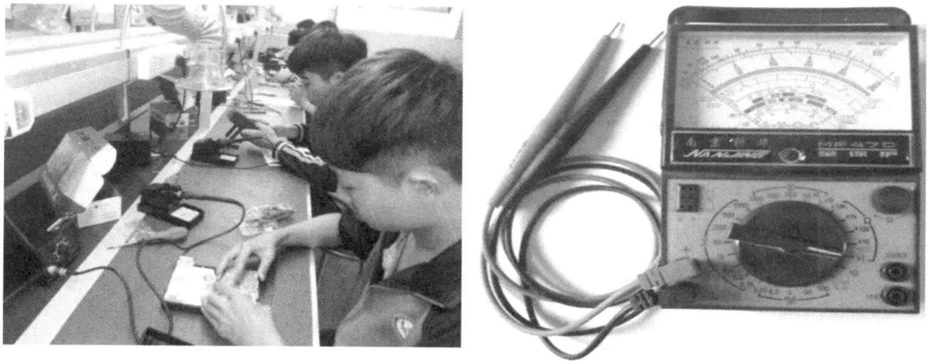

图 5-7 学生进行万用表的整机装配

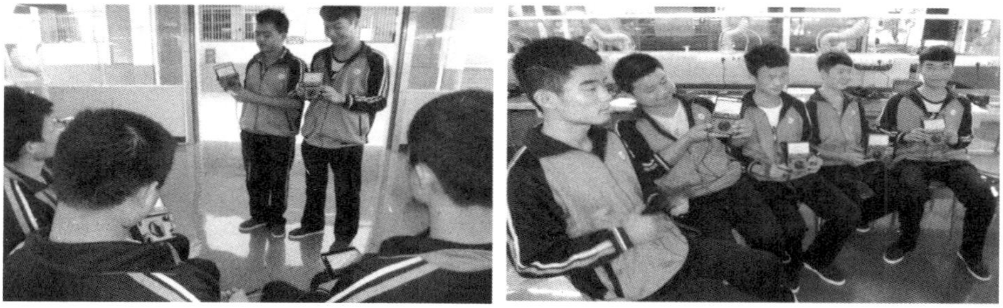

图 5-8 学生在进行作品展示

1. MF47 型万用表的组装与调试课程的教学设计

采用项目教学法、演示法、任务驱动法等方法对 MF47 型万用表的组装与调试课程进行教学设计，举例如下：

（1）课程内容。

MF47 型万用表的结构与工作原理（2 学时）；元器件的识别与检测、焊接、装配及调试（8 学时）；成果展示（1 学时）；考核评价（1 学时）。

（2）教学目标。

①知识目标：认识电路图，了解基本原理；能识别与检测元器件；掌握万用表的组装与调试方法。

②能力目标：万用表的组装与调试完成的能力；着重在于锻炼学生发现问题、解决问题的能力；培养学生利用信息化平台获取知识的能力；培养学生创新思维能力。

③情感目标：培养学生安全文明的操作意识，通过作品的展示，让学生有自信心，让他们在实践中有成就感；激励职业梦想，提升职业素养。

（3）教学重点。

MF47 型万用表的组装与调试。

（4）教学难点。

MF47 型万用表的原理与维修。

（5）教学方法。

教学方法采用项目教学法、实训指导法、任务驱动法、情景模拟法等，学法指导采用操作训练法、自主探究法、小组合作法、展示交流法等。

（6）学习环境及资源。

多媒体投影仪、实物投影仪、网络、教学仿真软件，万用表套件、焊接工具相关课件等。

将学生合理分组：根据技能水平不同混搭，选出每组的质检员和组长。

（7）教学过程。

①情景导入（情景模拟法）。

教师讲解：（引导语）明年，我们将走上工作岗位，假如我们是某电子公司的职员，现在公司签下一笔订单，有一批万用表的散部件，需要我们组装成成品，你能拿出方案吗？

学生活动：思考。

设计意图：激发学生学习兴趣。

②了解万用表的结构，简析原理（手段：教学仿真软件）。

教师活动：通过教学仿真并结合实物立体解剖万用表的结构；讲解万用表的挡位是如何工作的；阶段反馈：教师检查学生对万用表基本组成及原理的掌握情况，学生进行回答。

学生活动：了解万用表的结构和原理。

设计意图：学生理解更容易更深刻，实现由感性认识到理性认识的提升。

③任务一：装配准备（任务驱动法）。

教师活动：布置任务。

学生活动：分发任务书，并阅读任务和要求；领取万用表套件，准备安装所需工具；按照 6S 标准整理桌面，清点材料。

设计意图：培养学生耐心细致的工作作风和良好的职业素养。

④任务二：元器件的识别、检测与成形（方法：任务驱动法、实训指导法；手段：视频）。

教师活动：讲解、指导。

学生活动：学生打开资源共享平台，复习二极管等元器件的识别与检测方法（播放元器件检测视频）。小组分工合作，对元器件进行识别与检测，比比看哪个小组最先完成元器件的检测并汇报结果；元器件引脚的弯制成形；元器件引脚表面的清洁。

视频示范元器件引脚的弯制：选好弯折处，右手用镊子或尖嘴钳夹紧元器件引脚，左手拇指与食指将引脚弯成直角或其他角度。注意元器件应垂直安装，为了将元器件的引脚弯成美观的圆形，可用螺丝刀辅助弯制。

链接资料：a. 电阻的测量：欧姆挡可以测量导体的电阻。b. 二极管的测试：注意万用表挡位测试的时候看正向电阻的大小，反向电阻远大于正向电阻为好。

设计意图：用现代信息技术将学生带入本节课的学习情景中，培养学生动手能力和一丝不苟的工作作风。

⑤任务三：电路板装配，焊接（方法：任务驱动法、实训指导法；手段：通过手机拍摄操作过程）。

教师活动：打开资源共享平台，复习（电烙铁的三步操作法）；将弯制成形的元器件按 MF47 型万用表的电原理图插放到印制线路板上；元器件的焊接。

注意：a. 电容、电阻、二极管、可调电阻、熔断器夹、短路线以及从线路板通向电池正、负极三条线都是从线路板印字的一面插入，从另一面焊接；元器件不能插错位置，横排左向右读，竖排相反。b. 视频展示元器件焊接方法及步骤。焊接顺序：连接线→电阻→二极管→电阻丝→可调电阻→电解电容→电位器→4 支表笔输入插管→安装和焊接晶体管插座→安装和焊接熔断器夹。

学生活动：插放元器件；学生观察焊接要求并动手焊接。

设计意图：培养学生耐心细致的工作态度和安全生产意识；用直观演示法落实教学重点。

⑥任务四：整机装配和调试。

教师活动：a. 视频示范整机装配步骤及方法：安装电刷→安装线路板→安装 1.5 V 电池夹→焊接 9 V 电池扣→安装后盖。b. 多媒体示范万用表的调试方法：用比较法校验、表头灵敏度的校验、基准点灵敏度的校验、直流电流挡的校验、直流电压挡的校验、交流电压挡的校验、电阻挡的校验以及用数字万用表简易校准。c. 实物投影仪展示典型故障的排除方法：表头的指针不动时，检查表头、表笔是否损坏，检查保险丝是否完好，检查电池极有没有装错；电压指针反偏时，检查表头引线极性是否接反；测电压示值不准时，检查焊点是否焊牢。

学生活动：观察并对自己组装的万用表进行校验；针对万用表出现的故障进行排除。

设计意图：培养学生实践动手能力。

⑦成果展示。

教师活动：组织指导成果展示顺利进行，与学生评价交流作品。

学生活动：各组派代表展示作品并举例说明操作方法，相互交流实训的经验和体会，交流存在的问题和改进的设想，进一步整理自己的作品，使之成为一件实用的测量工具。

设计意图：增强学生的自信。

2. 考核评价和教学反思

（1）考核评价。

多元化考评，要求学生把作业共享到 QQ 群、微博等信息化平台。采用集中评价的方式，详见表 5-1。评价的内容包括过程评价和结果评价。

表 5-1 **MF47 型万用表的组装与调试考核评价表**

考核时间			实际时间：自 时 分起至 时 分止		
项目	考核内容	配分	评分标准		得分
元器件成形及插装	元器件成形；插装位置、标记、极性、高度；元器件排列整齐；元器件标注字向一致	15分	元器件成形正确，无错误，每错误一处扣 3 分；插装位置、标记、极性、高度正确，每错误一处扣 3 分；元器件排列整齐，无高低不齐，每错误一处扣 2 分；元器件标注字向要一致，每错误一处扣 2 分		
焊接质量	焊点均匀、光滑、一致；元器件引线过长、焊点弯曲	15分	搭锡、假焊、虚焊、漏焊、焊盘脱落、桥焊等现象，每错误一处扣 3 分；毛刺、焊料过多、焊料过少、焊点不光滑、引线过长等现象，每错误一处扣 2 分		
整形	元器件整形	10分	元器件排列整齐、高低一致，每错误一处扣 2 分		
功能调试	直流电流挡功能正常；交直流电压功能正常；电阻挡功能正常；音频电平挡功能正常；晶体管测量功能正常	20分	表针没有任何反应该项不得分；直流电流挡不正常扣 5 分；交直流电压功能不正常扣 5 分；电阻挡功能不正常扣 5 分；音频电平功能不正常扣 5 分；晶体管测试功能不正常扣 5 分		
安全文明操作	工作台上工具摆放整齐；操作时轻拿轻放；焊板表面整洁；严格遵守安全文明操作规程	10分	工作台上工具按要求摆放整齐，焊板表面整洁，不整齐、不整洁的酌情扣分；焊接时应轻拿轻放，不得损坏元器件和工具，每损坏一处扣 3 分		
实习报告	实习报告填写正确、认真	30分	具体分值见实习报告		
合计		100分			
教师签名					

要求学生把课后作业共享到 QQ 群、微博等信息化平台。

（2）教学反思。

本次课"以项目为主线，以教师为主导，以学生为主体"，运用任务驱动法、情景模拟法和实训指导法让学生在实践操作中学技能、学方法，结合信息化手段实现了教学目标。

（二）简单直流稳压电源的制作与检测项目教学的实施

在中职电子技术基础与技能课中，直流稳压电源既是一个重点内容，也是一个难点内容，学生在学习了二极管、电容等基本元器件和整流电路的基础上，需要掌握电源电路。如果教师在讲授这些内容的时候能够把前面所学基础知识结合起来，那么学生在学习简单直流稳压电源的制作与检测时，就变得简单多了。

1. 项目分析与计划

讲授简单直流稳压电源的制作与检测时，可以把它规划为一个项目，把完成这个项目的每一个知识点规划为一个个任务，而每一个任务又可以按照一个小项目去完成，这样学起来就容易多了。下面是简单直流稳压电源的制作与检测项目计划，如表5-2所示。

表 5-2　简单直流稳压电源的制作与检测项目计划

项目：简单直流稳压电源的制作与检测		
任务点	任务目标	技能目标
任务一：二极管的识别与检测	熟悉二极管的结构和分类；熟悉二极管伏安特性的几个主要参数；掌握二极管的检测方法	掌握普通二极管的识别与简易检测方法；掌握专用二极管的识别与简易检测方法
任务二：单相半波整流电路的制作与检测	熟悉单相半波整流电路的结构；掌握单相半波整流电路的工作原理；掌握单相半波整流电路的检测方法	掌握电子电路的连接；熟悉示波器的使用；熟悉单相半波整流电路的制作和检测方法
任务三：单相桥式全波整流电路的制作与检测	熟悉单相全波桥式整流电路的结构；掌握单相全波桥式整流电路的工作原理；掌握单相全波桥式整流电路的检测方法	掌握全波桥式电路的连接方式；通过实验加深对全波桥式整流电路工作原理的理解；会测试全波桥式整流电路

（续表）

任务点	任务目标	技能目标
任务四：电容器的识别与检测	熟悉电容色环所代表的意义；掌握电容器标称容量的表示法；掌握用万用表对电容器优劣进行判别的简单方法	熟练掌握用万用表检测电容器的方法；学会根据不同的电路场合合理选用电容器
任务五：电容滤波电路的制作与检测	掌握电容滤波电路的构成和基本工作原理；能制作出电容滤波电路并能进行检测	熟悉电容滤波电路及其工作原理；会熟练使用常用电子仪器仪表；能正确装接电路，能对电路作相应的调试
任务六：电感器的识别与检测	熟悉电感器色环所代表的意义；掌握电感器的标称电感量的表示法；掌握用万用表对电感器的优劣进行判别的简单方法	掌握电感器的不同表示方法；熟练掌握电感器的检测方法；会根据不同场合选用电感器
任务七：电感滤波电路的制作与检测	掌握电感滤波电路的构成和基本工作原理；能制作出电感滤波电路并能进行检测	熟悉电感滤波电路及其工作原理；会熟练使用常用电子仪器仪表；能正确装接电路，能对电路作相应的调试
任务八：稳压二极管的识别与检测	熟悉稳压二极管的结构及伏安特性；熟悉稳压二极管的主要参数；掌握稳压二极管的检测及质量判定	知道稳压二极管的使用注意事项；掌握稳压二极管的质量检测方法
任务九：并联型稳压电路的制作与检测	了解并联型稳压电路的结构及工作原理；能独立完成并联型稳压电路的制作与检测	了解稳压电路的工作原理及稳压过程；会用万用表检测稳压二极管的极性及好坏；会对电路出现的故障进行分析，并改正
任务十：简单直流稳压电源的制作与检测	会制作简单直流稳压电源；能排除简单直流稳压电源的故障	熟悉并联型稳压电源电路及其工作原理；会熟练使用常用电子仪器仪表；能正确装接电路，并能完成稳压电源电路的调试

2. 项目任务的实施

简单直流稳压电源的制作与检测是本项目的最后一个实训内容，下面就具体实训过程做教学设计，如表 5-3 所示。

表 5-3　简单直流稳压电源的制作与检测实施过程

简单直流稳压电源的制作与检测	
实训目标	增强专业意识，培养良好的职业道德和职业习惯；熟悉并联型稳压电源电路及其工作原理；会熟练使用常用电子仪器仪表；能正确装接电路，并能完成稳压电源电路的调试；学会检测电子电路故障的方法和步骤
实训器材	万能板 1 块，双踪示波器 1 台，万用表、直流毫安表各 1 块，直流可调稳压电源 1 台，自耦变压器 1 台，1N4007 型二极管 4 只，2CW53 型稳压管 1 个，470Ω 电阻 1 个，可调电阻 510Ω 1 个，电容 470μF 1 个，导线若干

实训内容和步骤
识别与检测元器件，若有元器件损坏，请说明情况；在万能板上装接电路，直流电源外置且输出置零电位。电路调试步骤如下： 步骤一：接通交流电源，使变压器输出电压为 16 V，测量稳压器输入电压 U_i、基准电压 U_z 以及输出电流 I_0，记录数值，若有异常数据，说明电路存在故障，排除故障后记录故障现象及排除过程。 步骤二：调整好示波器各挡位，测量电源变压器次级侧、电源滤波、稳压输出各点的实际工作波形，并把观察的波形记录下来。 步骤三：调节 R_l 观察 U_0 的变化情况，完成最小输入电压 U_{min} 的测试；了解直流稳压电源的典型故障；初步检查，先外观检查，若未发现有烧焦、脱线等异常现象，可通电测试。 步骤四：接通电源，用万用表逐级测量输入输出电压，同时用示波器观察波形，确定故障并排除，直到电路正常工作为止。

实训注意事项
交流侧的接地与直流侧的接地不同，在对稳压电源进行调试和测量时尤其要注意，以免损坏仪器仪表；电路装接时，整流管、稳压管和电解电容极性不能接错，以免损坏元器件，甚至烧坏电路；电路装接好后才能通电，不能带电操作；通过检测找出可疑器件后，还需要用万用表进一步确认检查；前后级电路会相互影响，需要谨慎确认故障。

3. 项目考核评价

简单直流稳压电源制作与检测的考核评价表详见表5-4。

表 5-4　简单直流稳压电源制作与检测的考核评价表

考核时间			实际时间：自　　时　　分起至　时　　分止		
项目	考核内容	配分	考核要求	评分标准	得分
实训态度	实训的积极性；安全操作规程的遵守情况	10分	积极参加实训，遵守安全操作规程和劳动纪律，有良好的职业道德和敬业精神	违反安全操作规程扣20分；不遵守实习纪律扣5分	
元器件的识别与检测	元器件的识别；元器件的检测	20分	能正确识别元器件，会用万用表检测元器件	不能识别元器件，每个扣1分；不会检测元器件，每个扣1分	
电路的制作	按电路图连接电路	20分	能正确连接电路，二极管、稳压管、电容的极性接法正确	电路装接不规范，每处扣1分；电路接错，每处扣5分；走线不美观，酌情扣分	
电路的调试	变压器的调试；U_0、I_0的调试	20分	仪器、仪表使用正确，能进行U_2、U_0、I_0的调试，能排除电路故障	仪器、仪表使用错误，每次扣2分；不会对U_2、U_0、I_0调试，每处扣3分；数据记录、处理错误，每次扣1分	
电路的检测	检测出电路的故障	10分	按实训要求找出电路中所设的全部故障	少找出一个故障扣4分	
电路的故障排除	对检测出的故障进行排除	20分	排除故障，使用电路恢复正常	错一处扣3分	
合计		100分			
教师签名					

第六章 应用电子技术专业的 教学设计和说课活动

教学设计是指进行教学活动之前，根据教学目标的要求，运用系统观点和方法，遵循学习的基本规律，对教学活动进行系统的规划和安排。简言之，就是对教学活动的设想与计划。教学设计是人们对教学活动规律性科学认识的结果，是规范教学活动并使其逐步达到最优化的设计方案。

一、教学设计的原则

教学设计是以一定的教育教学理论为依据，以课程内容为基础，以图片、视频等为手段，以多媒体为载体，为实现一定的教学目标而采取的步骤、方法、程序。教学设计主要涉及以下几方面：教学目标、教学重难点、教学方法、教学准备（教具、学具）、课时安排、教学过程、板书设计以及教学反思。教学设计是对课堂教学的预设，是一堂课的向导。没有良好的教学设计，就一定不会有良好的教学效果。

教学设计坚持三个原则，即层递性原则、多样性原则与相关性原则。

层递性原则就是要求教师在设计教学活动时，要从易到难，循序渐进，设计有层次和梯度。这样可以使绝大多数学生跟上教师的教学节奏，学有所得。设计的问题要尽可能简单，让学生能够较快地找出答案，为后面更高一级的教学活动做铺垫。层递性原则有利于提高学生学习的积极性。

多样性原则是指教师在设计教学活动时，注重教学活动形式的多样性，力求采用不同形式的教学活动来达成目标。多样性原则解决了困扰教师教学枯燥与乏味的问题，使教学焕发生机，使学生迸发学习激情。当然，在采用某一（或某些）教学活动时，教学活动多样性要适度，达到教学目标要求即可。

相关性原则是指教师在设计教学活动时，把与教学主题、教学目标不相关的材料、活动、环节去掉，留下与之相关的内容。相关性原则解决了教学设计的逻辑问题，使教学设计结构紧凑、环环相扣、言之有理。

总之，层递性原则、多样性原则与相关性原则是统领教学设计的三个原则，三者相互关联，缺一不可，共同组成了教学设计的指导原则。

二、教学设计的主要内容

教学设计是根据教学对象和教学目标，确定合适的教学起点与终点，有序、优化地安排教学诸要素，形成教学方案的过程。教学设计是一项系统工程，它是由教学目标和教学对象、教学内容和方法以及教学评估等子系统所组成，各个子系统既相对独立，又相互依存、相互制约，组成一个有机的整体。各子系统功能并不等价，其中教学目标起指导其他子系统的作用。教学设计应立足于整体，每个子系统应协调于整个教学系统中，做到整体与部分辩证统一，教学内容与教学方法有机结合，最终达到教学系统的整体优化。

总的来看，教学设计要回答以下三个问题：教什么和学什么？如何教和如何学？教得怎样和学得怎样？其实质依次是目标、学情、策略、评价四方面问题。

（一）编制教学目标

教学目标可以分为课程教学目标、单元教学目标、课时教学目标三种不同层次的目标。确定教学目标要充分考虑教学目的、培养目标和课程目标要求，确保这些要求在教学中得到体现。教学要分单元，单元教学目标必须体现教学目标。课时教学目标是通过教学单位课时教学后要达到的目标，是教学目标中最具体的目标。

1. 教学目标的功能

教学目标具有定向功能、激励功能和评价功能。

（1）定向功能。在教学过程中，教师的教学行为是由教学目标支配的，学生的心理构建也是由教学目标来定向的。因此，教学目标具有定向功能。

（2）激励功能。教学目标提供了教学对象明确的发展方向和预期发展结果，是学习者努力学习的方向，当学习者具有了清晰而明确的目标意识，便形成了动机。这种动机激励学习者学习的积极性。当然，教学目标不能定得太高或者太低，太高或者太低的教学目标难以激发学习者的学习动机。

（3）评价功能。教学目标一旦确定，是否达成既定目标就成为测评教学效果的标准。教学效果的监测和评价，都是参照教学活动中既定的目标来进行的。教学效果如何，是否达到预期效果成为进行教学活动评价的重要内容，教学目标起主要作用。

2. 教学目标的编制原则

（1）系统化原则。实际上，培养目标、课程目标、单元教学目标、课时教学目标等都存在着密切的联系，它们构成一个完整的教育教学目标体系。在编制教学目标时，坚持系统化的原则有利于体现各个目标在教育教学目标体系中的作用和地位。

（2）以学生为主体原则。教学目标的编制要充分体现学生为主体、教师为主导的原则。根据学生自身的情况把每项行为的目标高度定得恰如其分，围绕学生心理结构的完善，制定教学目标。

（3）可测度原则。教学目标的可测度性是教学活动所要求的。只有教学目标具有可测度性，才能对学生的学习做出正确的评价，及时开展有效的教学。

（4）可操作性原则。教学目标的可操作性是指教学目标的具体化和规范化。教学目标的表达包括四个要素：谁（学习者）、什么条件（行为发生的条件）、做什么（要求的行为）、做到什么程度（要求行为的标准）。

3. 教学目标的编制步骤

教学目标的编制步骤分为课程教学目标体系建立、单元教学目标编制及课时教学目标编制三部分。

（1）课程教学目标体系建立。深入研究专业人才培养方案，把握课程目标内涵。依据课程目标，认识学生在知识结构、品性、技能等方面的差异，确定教学任务，构建课程目标体系。

（2）单元教学目标的编制。教学活动以单元教学形式为主进行。单元教学目标主要由知识目标、情感目标和技能目标构成，是评价单元教学效果的重要指标之一。

（3）课时教学目标的编制。课时教学目标是对单元教学目标的分解，是单元教学目标的下一级子目标。编制课时教学目标必须与学习者的具体情况联系起来，根据学习者的学习基础、态度、成熟度、心智发展水平等因素来确定课时教学目标的高度，避免起始目标定得太高或者太低，不利于目标的实现。

（二）学情分析

学情分析包括学习者分析和学习内容分析两个部分。

1. 学习者分析

学习者分析主要包括学习者一般特征分析、学习者学习风格分析和学习者初始能力分析。

（1）学习者一般特征分析。学习者一般特征是指对学习者从事学习产生影响的心理、生理、职业和社会的特点。它与具体专业内容并无直接关系，但影响教学设计者对学习内容的选择和组织，以及对教学方法和教学组织形式的选择与运用。学习者一般特征分析可采用科学研究、观察采访、态度调查、查阅档案等方法进行，根据不同的情况灵活组合使用。

（2）学习者学习风格分析。学习者学习风格分析是指根据学习者学习风格的认知、情感、行动、生理倾向和社会倾向等构成学习风格要素的五个方面进行分析，一般通过"学习风格测定表"来测定。

（3）学习者初始能力分析。学习者初始能力是指学习者在学习某一特定的专业内容时，已经具备的有关能力基础，以及学习者对这些学习内容的认识和态度。在分析学习者初始能力时，常常将目标技能和态度分析结合起来，先采用一般性了解方法大致了解学习者技能和态度，然后通过编制专门测试题测试的方法掌握学习者初始能力。

2. 学习内容的分析

学习内容的分析是指为了实现总的教学目标，学习者必须完成的学习任务。学习内容分析是以学习者的学习结果为起点、学习起点为终点的一个逆向分析过程。学习内容分析包括专业层面学习内容分析、科目层面学习内容分析、单元层面学习内容分析及单节层面学习内容分析。学习内容分析的步骤为：

（1）学习内容的确定。根据教学目标和能力的内涵，确定学习内容的范围。

（2）先决条件的分析。把能力形成过程中的每一个步骤都作为终极目标，具体分析学习者在完成这些终极目标之前需要掌握哪些知识、技能、态度等先决条件。

（3）学习内容的组织。学习内容的组织遵循教学活动的逻辑顺序、能力形成的逻辑顺序和学习动机发展的心理逻辑顺序。

3. 学习内容分析评价

对学习内容分析评价是为了检验这些内容能否为实现总的教学目标服务。评价工作主要关注四点：选定的学习内容是否能满足实现教学目标的需要；安排的学习内容是否符合教学活动的逻辑顺序；学习内容的结构安排是否符合学生的心理发展水平；选择的学习内容是否贴近工作、贴近学习者的生活实际。

（三）教学策略的制定

教学策略的制定包括教学程序的确定、教学形式的确定、教学情景的设计和教学方法的选用。

1. 教学程序的确定

教学程序是指教学内容的各个组成部分的排列顺序。它直接关系到教学目标、培养目标和课程目标的具体落实，包括教学程序确定依据、教学时间确定依据和教学程序设计。

（1）教学程序确定依据。教学程序主要依据教学内容、教学条件、学习者特征和社会环境等因素来确定。

（2）教学时间确定依据。教学时间是影响教学活动的一个主要因素，控制和改变教学时间意味着控制和改变教学活动。教学时间主要依据教学任务、学习者特征、学习规律和教学资源等方面来确定。

（3）教学程序设计。教学程序设计是指按照教学活动逻辑顺序、学习动机发展心理逻辑顺序以及系统优化等教学设计原则，分层次设计专业教学流程、科目教学流程、单元教学流程等。专业教学流程是指从学习者专业教育开始，到完成学业的全过程；科目教学流程是指从学习者开始本教学科目到通过本科目考试的全过程；单元教学流程是指一个完整教学单元的教学全过程。

2. 教学形式的确定

教学形式是指围绕既定教学内容，在一定的时空环境中，师生相互作用的方式、结构和程序。选定教学形式依据的原则有：

（1）尊重学习者兴趣以及学习需要原则。同样的教学内容和教学时间，采用的教学组织形式不同，教学效果也不一样。要根据学习者兴趣和学习者学习的需要来选择教学组织形式。

（2）遵循学习者学习规律与学习风格原则。教学组织形式必须遵循学习者学习规律和学习风格。学习者学习规律是学习者所学得的知识，只有经过转化和巩固，才能进入迁移和应用阶段，即必须经过掌握、迁移、类化与整合的过程。学习者学习风格各异，尊重其学习风格的教学组织形式有利于提高教学效果。

（3）教学活动的整体优化原则。教学组织形式是围绕一定的教学内容而设计的。不同的教学内容要求有不同的教学组织形式与之相匹配。在实际教学活动中，对教学组织形式进行整体优化，有利于确保教学活动的顺利开展。

3. 教学情景设计

教学情景是指教学具体情景的认知逻辑、情感、行为、职业、社会和发展历程等方面的综合体。教学情景具有教育导向功能、凝聚激励功能、传播整合功能、愉悦身心功能。教学情景设计包含故事化情景设计、活动化情景设计、生活化情景设计和问题化情景设计四种方式。在设计教学情景时，为了充分激发学习者的学习动机，应该从学习者的注意力、针对性、自信心和满足感入手，采取引起并维持注意力、加强针对性、建立自信心及产生满意感的方法来设计教学情景。此外，在教学情景设计中还应该注意情景作用的全面性、全程性、发展性，以及情景的真实性和可接受性。

4. 教学方法的选用

教学实践中可选用的教学方法很多，选择合适的教学方法非常重要。

（1）教学方法选择的依据。主要依据教学目标与教学内容、学习者的准备状态、教师教学条件来选择教学方法。教学中每堂课的教学目标均对学习者应达到的知识、素养和技能三方面提出要求，不同学科的教学内容具有不同的抽象性和形象性的特点，在知识、素养和技能等方面体现不同特征，制约着教学方法的选择。同时，教师对教学方法的选择也必须立足于学习者的准备状态，充分考虑学习者的可接受性和适应性，根据学习者的个性心理特征和认知结构，选择那些能促进学习者知识、素养和技能发展的教学方法。此外，教师教学条件也是选择教学方法的一个依据。教师必要的素养条件与教学方法密切相关，教师的个性特点、学校的教学设备条件对教学方法的选择也起着制约作用。

（2）教学方法的运用。在教学过程中，教学方法不仅具有层次之分，还有自身的适应场合。教师应该了解各种教学法应用情景，并注意在教学过程中灵活应用。

（四）教学评价的设计

教学评价是指根据教学目标的要求，按照一定的规则对教学效果作出描述和评定活动的过程，是教学设计的重要组成部分。

1. 教学评价的功能

教学理论和学习理论研究表明教学评价对提高教学效果具有重要的作用，包括鉴定功能、诊断功能、激励功能、调控功能、教学功能和管理功能。教学评价对教学活动具有导向作用，可帮助鉴定学习者职业能力水平。教学评价是对教学结果及其成因的分析过程，可以判断教学的成效和问题所在，具有诊断的作用。教学评价还对教学过程具有监督、控制、强化作用，激励教师和学习者积极参与教学过程中。教学评价有利于使教学过程成为一个可控的反馈系统，使教学效果接近预期目标。

2. 教学评价的分类

教学评价按照不同的分类标准可作不同的划分。教学评价按照评价基准不同分为相对评价、绝对评价和自身评价；按照评价内容不同分为过程评价和结果评价；按照评价功能不同分为诊断性评价、形成性评价和总结性评价；按照评价分析方法不同分为定性评价和定量评价。

教学设计活动中进行的评价主要是采用形成性评价方法。形成性评价是指在某个教学活动中，为使效果更好而不断进行的评价。它能够及时掌握阶段教学结果和学习者学习进展，以便及时反馈，从而调整和改进教学工作。形成性教学评价对于提高教学质量具有重要的实际意义。

3. 教学评价的原则

教学评价应该贯彻以下几条原则：客观性原则、整体性原则、指导性原则和科学性原则。教学评价的客观性原则是指在进行教学评价时，从测量的标准和方法到评价者所持的态度，以及最终的结果，都应该符合客观实际，做到评价标准客观、评价方法客观、评价态度客观。教学评价的整体性原则是指在教学评价时，对组成教学活动的各个方面作多角度、全方位的评价，不能以点代面，以偏概全。教学评价的指导性原则是指在教学评价时，把评价和指导相结合，使被评价者了解自己的缺点，并为其后续发展指明方向。教学评价的科学性原则是指在教学评价时，根据评价目标、评价程序和评价方法的科学性进行评价。

4. 教学评价的内容

教学评价的内容包括教学系统要素的评价和教学系统结构的评价。教学系统要素的评价包括教师的评价、学习者的评价、教学内容的评价、教学条件的评价；教学系统结构的评价包括教学管理制度评价、教学流程评价、各个环节的教学方案评价和教学环境评价。

三、教学过程设计

教学过程设计是根据教学目标、教学内容和学生的特征，对教学中师生的活动过程、形式，以及媒体的使用等多种要素进行整体化安排，形成特定教学结构流程的过程。

教学过程设计一般有以下十个步骤：

（1）教材分析（课程分析）：分析本节课在教材中（整本书和相应的单元）的地位和作用，对内容进行基本解读，对内容的重点和难度等进行分析。

（2）教学对象（学情分析）：具体分析所任教班级学生的知识基础、学习情况，及学生对本次课知识的理解能力以及学生的学习兴趣、学习风格等。

（3）教学目标（学习目标）：根据该班学生的实际情况及教材的要求具体分析，设定本次课的教学目标，新课程设定三维教学目标（知识与技能、过程与方法、情感态度与价值观）。

（4）教学重难点及其解决策略：突破教材，确定学生在学习本次课时的重难点知识点，并提出解决的办法和途径。

（5）教学思路（设计思路）：为实现教学目标而选择某种教学方法和教学手段，能达到的预期教学效果。

（6）媒体使用：说明要调用什么媒体，怎样调用。

（7）课时安排：说明要安排几个课时。

（8）教学过程（教学步骤）：教学的整个流程，或授导式的，或探究式的。

（9）教学流程图：用图表的形式表现出本次课的教学过程。

（10）教学反思：教学完成之后，对教学进行得与失等方面的思考，是教学总结和提高的重要举措。

四、备课

备课是指为正确实施课程教学，教师必须进行的学科知识准备、专业知识（教育理论、教学理论、学习理论等）准备和专业技能准备的过程。定时间、定地点、定内容、定中心发言人是可取的方法，它有利于围绕主题深层对话。

集体备课是同行合作的一种备课形式。集体备课时，大家围绕着同一个教学内容集思广益，定时间、定地点、定内容、定中心发言人，有利于围绕主题进行深层对话，克服个人备课的片面性。同行合作可以重建教师的生存环境，通过教师之间的专业切磋、协调和合作，可以互相学习、彼此支持、分享成果，促进经验、思想的交流，促进专业成长。同时，可培养合作与交流的技能和习惯，潜移默化地影响学生。

集体备课在内容和形式上可以多样化。从时间上分，有学期备课、单元备课、课题备课；从人员分，有同校备课、异校备课（如学区备课会）和专家与教师备课。此外，还有同年级学科备课、同学段学科备课、学科教研组备课和异学科备课等形态。如一节课的集体备课，或就教学内容作全面的交流，或对某一教学细节作深入研讨，既可以研究教学设计，也可以说课后反思修改，还可以在备课组内试教后反思修改。

五、课堂拓展：选取"电工技术基础"课程中的一个内容设计一份教案

"电阻串联电路"选自《电工技术基础》第二章第一节，主要采用"问题引领，任务驱动"的理实一体化教学模式，而实施任务的过程主要采取探究教学法和启发式教学法，充分利用教学仿真软件、多媒体设备等信息化教学手段进行教学，激发学生自主学习的动力，让学生成为学习的主体，充分践行做中教，做中学。

在这一堂课的教学中，"以问题探究为主线、教师为主导、学生为主体"，把传统的"教师教、学生学"的模式变为"做中教、做中学"的教学模式，运用任务驱动法、探究教学法，让学生在自主探究、协作交流中学知识、练技能。利用先进的信息化教学手段，比如多媒体课件、视频、仿

真软件等，将情景真实化，激发学生的学习兴趣。教学设计方案和过程举例如下：

（一）教学设计基本信息

授课年级：高一

授课班级：1106 班

学　生　数：31 人

学　　　科：电工技术基础

课　　　型：理实一体化

课　　　时：1 学时

课　　　题：电阻串联电路

教　　　材：高等教育出版社《电工技术基础》（刘志平主编）

（二）教学目标和重难点

1. 教学目标

（1）知识目标：能通过实验得出电阻串联电路的三个特点；了解电阻串联电路的应用。

（2）能力目标：会用电阻串联电路的特点分析解决简单的实际电路问题。

（3）情感目标：使学生在实践中体会到探究学习的乐趣，并在解决实际问题中体验成功的喜悦。

2. 教学重难点及时间分配

（1）教学重点：电阻串联电路的三个特点。

（2）教学难点：用电阻串联电路的特点分析实际电路。

（3）教具准备：多媒体课件、Edison 4 仿真软件、干电池、电流表、电压表、灯泡、导线、开关。

（4）教学环节时间分配：组织教学（1分钟）、复习提问（2分钟）、导入新课（5分钟）、探求新知（25分钟）、学以致用（8分钟）、课堂小结（3分钟）、布置作业（1分钟）。

（三）教学内容及教学过程

1. 组织教学（1分钟）

稳定课堂秩序、师生互礼、考勤。设计意图是使学生以饱满的精神进入学习状态。

2. 复习提问（2 分钟）

提问：导体电阻的大小由哪些因素决定？部分电路欧姆定律是怎样描述的？

学生回答后，教师提出本节课的学习内容，并板书课题。设计意图是复习旧知，铺垫新知。采用提问法教学。

3. 导入新课（5 分钟）

模拟演示楼梯灯的现象，提出下面的问题：公用楼梯内的灯泡常常因为晚上用电的人少了、电压有所升高、使用频繁等原因被烧坏，为了解决这个问题，电工师傅把几个灯泡串联起来，这样每个灯泡的亮度降低了，但我们发现没有那么容易被烧坏了，灯泡的使用寿命还得以延长。这是为什么呢？

设计意图：吸引学生注意力，激发学生的探索欲。采取的教学方法：实验演示法、问题式教学法。

4. 探求新知（25 分钟）

教师演示电阻串联实验。目的是通过实验演示，引导学生自主归纳出电阻串联电路（如图 6-1 所示）的定义。

图 6-1　电阻串联电路

学生提出疑问：课题是讲电阻的串联，为什么用灯泡做实验？灯泡和电阻有什么关系？

针对学生提出的问题进行演示讲解：电阻通电时将电能转化为热能。注意：小灯泡发光先是将电能转化为热能，当灯丝达到炽热程度时，小灯泡就亮起来了。所以我们可以把一个小灯泡当做一个电阻。通过以上实验，组织学生观察讨论电阻串联电路的定义。目的是通过实验演示，引导学生自主归纳出电阻串联电路的定义。

定义：把两个或两个以上的电阻首尾依次连接起来，组成中间无分支的电路，这种连接方式叫电阻串联电路，如图 6-2 所示。

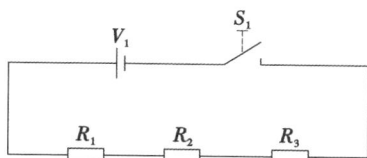

图 6-2　电阻串联电路

（1）探究电阻串联电路中各处电流之间关系。

采用实验演示法、问题式教学法进行教学。

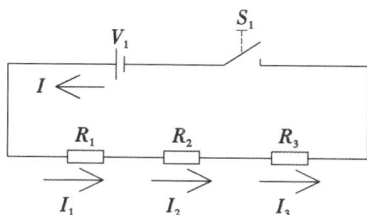

图 6-3　电阻串联电路中各处电流关系图

实验并填写表 6-1 中数据。

表 6-1　电阻串联电路中各处电流值表

I	I_1	I_2	I_3

实验电路图如图 6-4 所示。

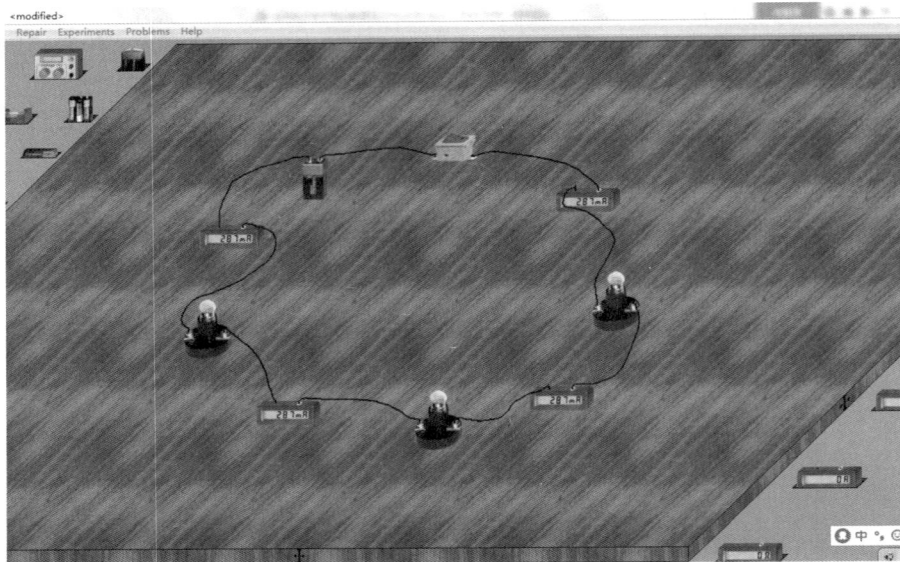

图 6-4　电流表测串联电路中的电流

通过实验总结推导出：

串联电路中的电流处处相等，$I=I_1=I_2=I_3$。当 n 个电阻串联时，$I_1=I_2=I_3=\cdots=I_n$。

讲解时，举例冰糖葫芦、火车车厢等来说明电阻串联电路的特点。

（2）探究电阻串联电路中总电压与分电压之间关系。

这里提出了"总电压"和"分电压"，"总"和"分"的概念，我们可以把一个班集体称为"总体"，那么班上的每一位同学就是其中的一分子，班集体和每一位同学就是"总"和"分"的关系，如图 6-5 所示为串联电路总电压与分电压电路。

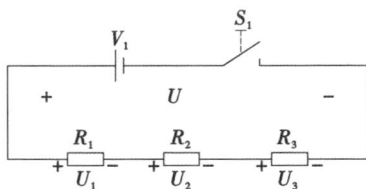

图 6-5　串联电路总电压与分电压电路

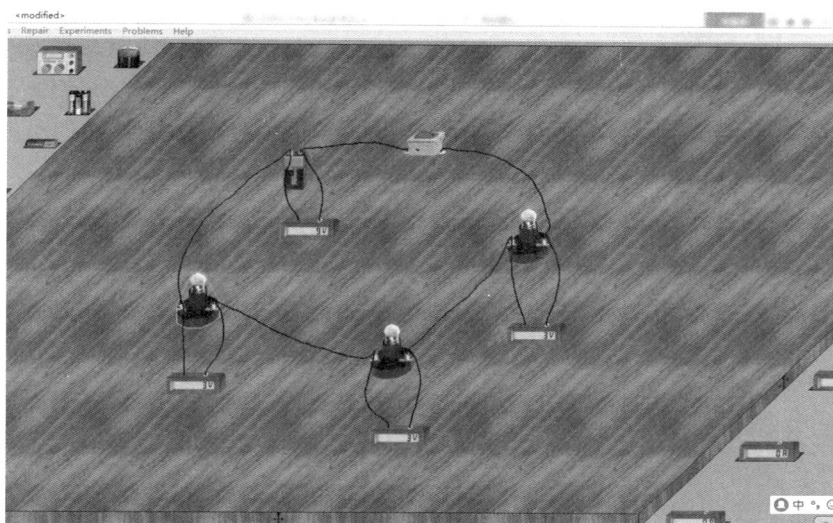

图 6-6　总电压与分电压实验图

实验并填写表 6-2 所示数据。

表 6-2　总电压与分电压实验数据表

U	U_1	U_2	U_3

通过实验总结推导出：电路两端总电压等于串联电阻上分电压之和。

$U = U_1 + U_2 + U_3$

当 n 个电阻串联时，$U = U_1 + U_2 + U_3 + \cdots + U_n$。

（3）探究串联电路的等效电阻与各串联电阻之间关系。

通过实验，将数据填写到表 6-3 中。

表 6-3　串联电路等效电阻与各串联电阻数值表

	I	I_1	I_2	I_3
电流	1 A	1 A	1 A	1 A
电压	U	U_1	U_2	U_3
	9 V	2 V	3 V	4 V
电阻	R	R_1	R_2	R_3

通过伏安法测电阻的方法得出：

电路的总电阻（等效电阻）等于各串联电阻之和：$R = R_1 + R_2 + R_3$。

当 n 个电阻串联时，$R = R_1 + R_2 + R_3 + \cdots\cdots + R_n$。

5. 学以致用（8分钟）

学生自主探究，以小组形式讨论开篇提出的楼梯灯问题：限流和分压，自主得出结论。

练习1：在一次电器维修过程中，急需一个 $8\ \Omega$ 的电阻，但手边只有 1 Ω、$2\ \Omega$、$3\ \Omega$、$4\ \Omega$、$5\ \Omega$ 的电阻各一个，你能想出办法吗？

解：(1) $1\ \Omega + 2\ \Omega + 5\ \Omega = 8\ \Omega$

(2) $1\ \Omega + 3\ \Omega + 4\ \Omega = 8\ \Omega$

(3) $3\ \Omega + 5\ \Omega = 8\ \Omega$

练习2：（机动环节）三个电阻 R_1、R_2、R_3 组成的串联电路，$R_1 = 1\ \Omega$，$R_2 = 3\ \Omega$，R_2 两端电压 $U_2 = 6$ V，总电压 $U = 18$ V，求电路中的电流及电阻 R_3。

6. 课堂小结（2分钟）

通过本节课的学习，学生对电阻串联电路有了一个全面的认识，其中电阻串联电路的特点及应用是本节课的重难点内容，掌握本节课的内容，可以为以后的学习和解决实际问题打下良好的基础。

7. 布置作业（1分钟）

（1）结合本节课所学知识，通过课后查找资料看看电阻串联电路还可以应用在哪些领域。

（2）一个 $4\ \Omega$ 指示灯，允许通过的电流只有 1.2 A，需要接到 12 V 电源上，你有什么办法？请你运用本节所学知识完成作业。

8. 板书设计

本节课板书设计如图 6-7 所示。

9. 教学反思

教学不是唱独角戏，离开"学"，就无所谓"教"。回顾本课，个人认为成功地运用了探究教学法、实验教学法，使学生清晰地认识了电阻串联电路的三个特点及其应用，培养了他们"学知识，用技能"的意识。在今后的教学中，我会把"问"的权利交给学生，把"读"的时间还给学生，把"讲"的机会让给学生，给学生更多的平台，自主发现、思考和解决问题，真正践行"做中教，做中学"。

§2-1　电阻串联电路

一、复习回顾

二、电阻串联电阻的定义

三、电阻串联电路的特点

　1. 串联电路中电流处处相等。

　2. 电路两端总电压等于串联电阻上分压之和。

　3. 电路的总电阻等于各串联电阻之和。

四、应用

五、小结

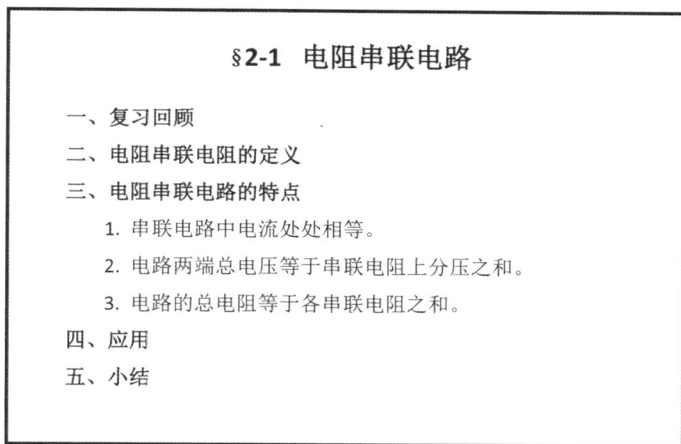

图 6-7　本节课板书设计

六、说课的内容与要求

（一）说课的概念

说课是教师面对同行和专家，以先进的教育理论为指导，将自己对教材的理解和把握、课堂程序的设计和安排、学习方式的选择和实践等一系列教学元素的确立及其理论依据进行阐述的一种教学研究活动。

说课是教师在备课的基础上，在上课前向领导或者同行们阐述一堂课的教学设计及其理论依据。说课主要是体现备课的思维过程，不仅要解决教什么、如何教，更重要的是解释为什么这样教、有什么理论依据。教师具体地说出这一节课的教学目标、教学重难点以及自己对教材的处理、教学程序的设计、教学方法的选择、教学手段的采用等方面的观点。说课是教师互相交流、共同切磋教学的一种好形式，它有利于推动教材教法的研究，提高课堂教学质量。

（二）说课的具体要求

说课包括说课和答辩两部分，说课时间为 10～20 分钟（第 18 分钟和 20 分钟时，计时员予以提示），评委答辩时间为 5～10 分钟。

说课教师应先报告课题，说明本课题选自哪一版本的教材，说明本课题在教材中处于哪一册、哪一课时。说课的主要内容按顺序介绍如下：

1. 说教材

（1）教材分析（教材的地位和作用）：分析本节教学内容是在学生已学

哪些知识基础上进行的，是前面所学哪些知识的应用，又是后面将要学习的哪些知识的基础，在整个知识系统中的地位如何；本节教学内容对培养学生的知识能力有哪些作用，对学生将来的学习有什么影响；等等。

（2）教材处理：教材处理的目的是使学生容易接受、融会贯通，体现教师熟悉教材的程度、把握教材的能力。教师应根据课堂教学需要，不盲目地依赖教材，创造性地对教材内容进行授课顺序调整和补充，以达到纵横知识联系、降低学生认知难度的目的。把有关知识、技能、思想、方法、观点等用书画文字等形式加工整理，转化为导向式的教学活动。

（3）重难点：指出本节的教学重点和难点，阐述确定重点和难点的依据。

（4）教学目标：包括知识目标、能力目标、德育目标。阐述确定教学目标的依据。

2. 说教法

"教学有法，教无定法，贵在得法。"说教法是说这一节课采用哪些教学方法进行教学，并说明采用这些方法的理由和所能达到的教学效果。在一堂课中选择的教学方法是多种多样的，但其中有一种是最重要、最基本的。说教法时，首先说出这一节课选择哪一种方法为基本方法，理由是什么。其次说出在哪些教学内容或教学环节上将采用哪些具体教学方法。要说明通过什么途径有效地运用这些教学方法，要达到什么效果，如何发挥教师的主导作用。

3. 说学法

阐述如何引导学生运用正确的学习方法完成本节课的教学活动，怎样让学生进入角色充当课堂教学的主体，怎样帮助学生自觉、生动地进行思维活动，使学生既学到了知识又掌握了学习方法，既培养了能力又发展了智力。

4. 说教学程序

说教学程序是说课中最重要的环节。

（1）导入新课

导入新课的方法很多，温故知新式、提问式、谈话式等都是巧妙的方法。阐述采用什么方式导入新课，这样导入的好处是什么。

（2）讲授新课

讲授新课是教师主导课堂教学的全过程，是课堂的重中之重，是精彩之处、关键所在。要阐明怎样让课堂运作起来，体现教师的主导，怎样规范板书和口语表达，既设疑又答疑，既突出重点又分散难点，既注意教学程序又运用教学手段，既正常发挥又采取应变补救措施，既正确地叙述和分析教材又做到思想性和科学性的统一、观点和材料的统一。教师要阐述清楚怎样引经据典、循循善诱、循序渐进、精心设疑，引导学生积极思考；怎样启发学生踊跃参与，进入角色充当主体；哪些答疑让个别学生独立完成，哪些答疑需要群策群力来实现；要学生掌握哪些知识、培养哪些能力、达到什么目的；学生在课堂上有哪些思维定式，需要采取哪些克服措施；如果学生的活动脱离教师的思路轨道，怎样因势利导，采取哪些应变措施才能稳妥地引上正轨；如何诱导学生生动活泼地学习，不仅学会，而且会学；如何让学生既学到知识，又掌握学习方法。

（3）例题示范。

根据教学内容的需要，安排有针对性、实用性、有目的性的例题示范，以巩固和强化教学内容。要说明例题的出处、功能和目的，以及学生可能出现的问题等。

（4）反馈练习。

分析学生在解题时可能出现的情况，针对学生暴露出的问题，采取什么样的应变措施，做好反馈练习工作。

（5）归纳总结。

教师说课时应着重综合归纳本节课的教学目的，确定传授哪些知识，并且将其纳入原有知识的体系之中。加强知识之间纵横联系，培养学生的各种能力，培养学生辩证唯物主义思想。同时提出一些思考性的问题，既激发学生的求知欲望，又为下一节课教学做准备。

（6）展示板书。

展示观摩课的完整板书设计。板书设计是用教师教学基本功中的规范粉笔字来体现的，要概括课文的全面性、准确性、工整性和美观性。

说课为上课提供了可靠的理论依据，说课是上课的升华，说课的最终目的是为了更好地上课。说课与上课不能有大的反差，怎样上课，就怎样说课。但说课又有别于上课，它要遵循说课的程序，如怎样分析和处理教材、怎样选择教学方法、怎样运用教学手段、怎样设计教学程序，总体介绍这节课在哪些方面做出大胆的尝试和探索，以及为什么这样教、有什么理论依据。说课要体现真实性、科学性、逻辑性和系统性。

说课结束时，评委可以提出相关问题，说课教师应该胸有成竹地当场逐一答辩，交出圆满的答卷。说课和答辩实际上是"即兴演讲"，进一步考核教师的口语表达能力。

七、应用电子技术专业说课演示

（一）"MF47 型万用表的组装与调试"课程说课稿

尊敬的各位评委、各位专家、老师们：

上午好。我是来自×××学校的教师×××。我说课的题目是"MF47 型万用表的组装与调试"。

下面我将从析学情、说教材、述策略、解过程、谈反思五个方面来阐述我的教学理念和方法。

1. 析学情

首先我们来分析一下学生的情况吧，我所任教的是中职二年级应用电子专业，"90 后"的学生们个性鲜明、思维灵活、乐于创新，也喜欢动手实践。但学生基础薄弱、缺乏自信，学习习惯也不好。在我任教的班级里，经过前期调查，发现能够主动学习的约占 20％，需要老师监督的约占 30％，能够跟随老师一同学习的约占 50％，因此，我主要从学生的学习兴趣入手，展开我的教学。

2. 说教材

分析了学情之后，下面说一说教材。"MF47 型万用表的组装与调试"选自高等教育出版社出版、陈雅萍老师主编的《电工技术基础与技能》第十章的"综合实训"。万用表是电气工作者必备的仪表之一，对于电子专业的学生来说，学习本课内容可以更深刻地掌握万用表的工作原理、锡焊技术工艺和组装调试方法。该内容在本教材中是此前所有章节的提高与技能训练的内容，为后续课程的学习打下一定的基础。

参照教学大纲的要求，以及教材的特点，并结合学生实际情况，确定教学目标如下：

（1）知识目标：能识读万用表的电路图，了解电路基本原理；熟练掌握元器件的识别与检测方法；掌握万用表的组装与调试方法。

（2）能力目标：能自主完成万用表的组装与调试，这是专业技能的要求。然后以它为主线，培养学生发现问题和解决问题的能力；培养学生利用信息化平台，获取知识的能力；培养学生的创新能力和团结协作能力。

（3）情感目标：安全第一，首先通过实训强化学生的安全文明操作意识，其次通过项目任务的完成，树立学生的自信心和成就感；激励学生的职业梦想，提升学生的职业素养。

在教学目标的指导下，我把教学重点确定为 MF47 型万用表的组装与调试，教学难点确定为万用表的原理与维修。而突出重点、突破难点的关键是以学生为主体、教师为主导，通过明确的任务，驱动学生稳步前进。

3. 述策略

教无定法，贵在得法。本课我采用项目引领、任务驱动的教学方法贯穿始终，而实施项目的过程主要采取情景模拟法和实训指导法，充分利用多媒体设备、教学仿真软件、通信工具等信息化教学手段进行教学，突出教师在"做中教"、学生在"做中学"。通过一个情景的创设，一次实训的竞技，让学生在轻松而又紧张的氛围中自主学习、合作学习、实践操作、展示交流。

4. 解过程

下面解析教学过程。

我将本实训项目的教学过程分为项目分析、项目实施、成果展示、考核评价四个阶段。计划 12 个学时完成，其中项目分析 2 学时，项目实施 8 学时，成果展示 1 学时，考核评价 1 学时。

课前，我提前一周布置学习内容和任务要求：要求学生复习元器件识别与检测和焊接基础知识，预习万用表工作原理及装配步骤，在网上搜索资料。

然后我将学生合理分组：根据学生技能水平，合理混搭，每组 6 人，选出两位基础好、动手能力强、有责任心和一定表达能力的学生分别担任组长和质检员。对组长和质检员进行岗前培训，检查考核，确保任务完成。

（1）第一个阶段：项目分析。课题的开篇，我采用情景模拟法，对同学们说："明年，我们将走上工作岗位，假如我们是某电子公司的职员，现在公司签下一笔订单，有一批万用表的零散部件，需要我们组装成成品，你能拿出方案吗?"这一情景的创设，把学生引入思考中，从而调动学生的学习激情。然后引导学生了解万用表的结构和工作原理。

教学手段我采用电工技能与实训的教学仿真系统，结合实物立体解剖万用表结构的教学进行，这样的教学手段相对传统的文字说教更生动、更丰富、更直观，使学生对知识的理解更容易、更深刻。万用表的原理分析是本课教学难点之一，学生对枯燥的原理分析不是很感兴趣，所以我开始只是简要分析原理，后面的实训完成后，再回过头来让学生自己分析原理，这样实现由感性认识到理性认识的有效提升。

（2）第二阶段：项目实施。采用任务驱动法，将万用表组装与调试的步骤按生产工艺流程分四个任务流程完成，每一个流程都让学生明确自己的岗位任务。

①任务一：装配准备。（清一清）首先我将项目任务书交给组长，由组长分发给组员，要求学生仔细阅读任务书中的各项任务及要求。各组准备好安装所需工具，领取万用表的安装套件，按照6S（整理、整顿、清扫、清洁、素养、安全）的标准整理好桌面，根据材料清单清点材料。

②任务二：元器件的识别与检测、成形。（测一测）元器件的识别与检测是电子技能训练中的一个重要环节，我先给学生播放一段视频，再次复习操作要领。本任务的关键是学生对元器件的识别与检测如何做到又快又准。在检测过程中，有学生提出了一个很好的办法：元件测试后用透明胶按顺序粘贴在纸上，旁边写上对应的规格序号和参数值，这样既能提高效率，又能避免在后面的插件过程中出错。我采纳了学生的办法并给予充分的肯定。学生能够在动手操作中探究出好的学习方法，这正是学生在"做中学"提高技能的好方法。在实施任务过程中，每个小组自行分工协作，比如有的小组元器件的检测由男生完成，元器件的成形由女生完成。学生在合作交流中获取知识，锻炼技能，团结协作。

③任务三：电路板的装配、焊接。（比一比）我采用小组竞争的方式，比比看谁的焊接工艺好，谁的速度快。要求组长用手机拍下组员的操作过程，对每个学生的实践过程给予客观评价。在操作过程中，时刻提醒学生们安全第一，保持场地整洁，从每一个细节培养学生的职业素养。焊接完

后，要求学生仔细对照装配图，进行后段检修。

④任务四：整机装配和调试。（试一试）整机装配和调试过程中，故障的排除是本次教学的难点，而突破难点的关键是引导学生学会分析问题和解决问题的方法。我告诉他们用"先外后里，先简单后复杂"的原则来排除故障。学生的能力参差不齐，我有意识地请小组内动手能力强、完成速度快的同学指导未完成的同学，这种"一帮一"的方式不仅可以提高学生动手能力，增强学生的自信心和学习的主动性，而且可以带动稍落后的学生一起进步。故障排除后，要求学生清理现场，做好 6S 管理，形成良好的职业习惯，为以后就业打下坚实的基础。

故障排除后，各学习小组代表展示自己的作品、演示其功能，并通过手机拍摄的过程进行讲解，显示其工艺水平。学生通过作品展示，相互交流实训的经验和体会、存在的问题和改进设想，提升学生技能，增强学生自信心和提高学生表达能力。

⑤考核评价。采用多元化的评价方式，以学生自评、小组互评、教师评价三部分评价综合得分为最终评价得分。而评价的内容包括过程评价和终结评价。学生提交自评表和互评表，最后我对整个实训进行点评，评选出优秀作品和技能标兵。

要求学生课后作业完成实训报告，把优秀的作业上传到 QQ 群、QQ 空间或个人微博。

5. 谈反思

我的本次课"以项目为主线，教师为主导，学生为主体"，把传统的"教师教，学生学"的模式变为"做中教，做中学"的教学模式，运用任务驱动法、情景模拟法和实训指导法让学生在实践操作中学技能、学方法，利用先进的信息化教学手段进行教学，实现了教学目标。

这堂课最大的亮点可以概括总结为"三变二活一突破"。"三变"：在教学过程中把师生关系转变为"师徒关系"，在实践操作中把实训室转变为"生产车间"，在教学任务中把学生作品转变为"模拟产品"。"二活"："课堂氛围要激活"，"学生头脑变灵活"。"一突破"：引入情景模拟，贴近就业岗位，激励职业梦想。

谢谢大家，请各位专家批评指正！

（二）课堂拓展：选取所学专业的某个内容进行说课演练

1. "声控闪光灯的制作与调试"课程说课稿

尊敬的专家、评委：

大家好！

我说课的题目是"声控闪光灯的制作与调试"。我将从教学目标、教法学法、教学过程和教学反思四个环节进行说课。

（1）教学目标。

本教材使用的是高教出版社出版、李乃夫主编的《电子技术基础与技能》。"声控闪光灯的制作与调试"是本教材学习任务 2 中最后一部分实训内容，其主要知识点是学习其余章节的基础，在本教材中占有重要的地位。

本次课分 4 课时完成，主要教学内容是检测元器件、在万能板上焊接安装电路、调试并实现功能、测试数据等。

我授课的班级是××级电子技术应用专业二年级学生，他们愿意动手操作，对身边很多的电学现象感兴趣，精力充沛且善于模仿，具有一定的创作渴望，具备一定的电路基础知识，学过基本元器件的检测，有一定的焊接装配能力。根据教材、大纲和具体学情，我制定本次课的教学目标如下。

知识目标：能简单阐述声控闪光灯电路的工作过程。

技能目标：学会用万用表检测驻极体话筒等元器件，能根据原理图在万能板上焊接装配电路，会调试并测量数据，学会简单故障的排除。

情感目标：感悟团结协作和自主探究的乐趣。

我确定本次课教学重点是元器件检测、在万能板上焊接安装电路并调试，难点是声控闪光灯电路的工作原理和电路测试排故。

（2）教法学法。

根据学生学情和教学目标，本次课主要采用实习作业法进行教学，通过"做"来锻炼学生动手操作技能。学生根据所做电路，结合调试现象，探究电路工作原理。这样先充分激发学生渴求知识的欲望，教师再讲解原理，教师在"做中教"，学生在"做中学"。为了提高学习效果，采用自主探究和小组合作的方法组织学生学习，掌握专业知识和熟练操作技能。

　　（3）教学过程。

　　实习作业法可提供体验实践的情景和感悟问题的情景。学生围绕具体任务开展工作，改变被动学习的状况。

　　本课的教学过程设计为：任务引入（15 分钟）、任务分析（25 分钟）、任务实施（70 分钟）、延伸拓展（20 分钟）、考核评价（15 分钟）。下面我详细说说教学过程。

　　①任务引入。

　　教师上课前做好相应的准备工作（略）。

　　组织教学，示意授课开始，凝聚学生注意力，履行教师的课堂职责。

　　学生生命安全高于一切，实训室是接近生产现场的教学环境，必须强化安全教育，培养学生安全生产的职业习惯和意识。

　　中职学生热爱生活，生动直观的形象能有效地激发他们联想。声控闪光灯的实例在生活中应用也较多，通过播放声控闪光灯的视频激起学生兴趣，引入本课教学。教师分发任务书和相关器材，学生领取元器件并清点。

　　②任务分析。

　　学生根据所领取的元器件和相关器材，配合任务书进行分析研究，明确任务目标。根据电路板生产过程，自主将任务分解成元器件识别与检测、引线成形与插装、电路焊接装配、电路调试四个工艺过程。该过程着重培养学生分析问题和查阅参考资料的能力。教师根据学生在焊接装配过程中容易出现的问题进行必要的讲解，要点可以写在黑板上。（比如驻极体话筒的安装等）

　　③任务实施。

　　实训室配有 40 个工位，每个工位都配有焊台、工具包和万用表。学生自主选择需要的工具和仪器仪表，分类检测元器件。

　　我通过摄像头和大屏幕演示，讲解仪器仪表的操作规范，使学生明确引线成形、插装以及焊点的具体要求，引导学生正确插装和焊接。

　　在师生检查电路板无误后，进行电路调试与故障排除。通过观看预先拍摄的电路调试视频，掌握电路调试方法和要点，测量相应数据。

　　对于没达到设计要求参数的电路板，要求学生分析产生故障的原因，进行故障排除。

　　教师最后综合学生学习情况，进行适当补充讲解。学生带着问题学习，目的明确，对重点知识的掌握更加扎实，记忆更深刻。在该电路中，针对电容器耦合作用这一知识点难以掌握的问题，我让学生断开电容器来观察实验现象，再接上电容器观察实验现象，通过学生反复实践、教师适当讲解，充分启迪学生思维，加深了印象。

④延伸拓展。

结合本课内容和学生学习具体情况，设计了三道题目让学生思考、动手实践，以让学生对所学知识认识更深刻，并且很好地锻炼技能。让学生搜索一些网络资源，培养学生的学习兴趣和自主探究能力。

⑤考核评价。

评价分为学生个人自评、小组互评和教师总评，教师根据最后的总评分确定达标率。经过评价，顾语同学分数最高，获得了最佳技能奖。

（4）教学反思。

本次课程的设计和实施充分发挥了我校电子实训中心的优势，任务设置充分体现了学生自主学习性。下面是几点体会：

①在学生动手操作过程中，渗透相应的理论教学，使很多同学都明白了声控闪光灯的工作原理。

②通过拓展训练，巩固了所学基础知识，如电容 C_1 的作用等。

③测试数据过程中，发现学生能力还不强，例如测量三极管的集电极电位等。

④在学生操作规范的养成上需要再下功夫。

以上是我对教学设计的阐述，感谢您的倾听，恳请您指导，谢谢！

2. "三人表决器的设计与制作"课程说课稿

各位评委、各位老师：

大家好！今天我说课的题目是"基于空间的教学方式方法的应用——三人表决器的设计与制作"。下面我将从析学情、说教材、述策略、解过程、谈反思五个方面展开说课。

首先我给大家说的是析学情。我的授课对象是高一年级机电专业的学生，他们已经学习了电工基础、模拟电路等课程，并且上一节课已经介绍了组合逻辑电路的特点和分析方法，具备了一定的逻辑代数基本知识，同时也接触过常见的电子元器件，能搭建简单的电路，具备一定的焊接能力。该班存在的问题主要表现为学生学习积极性、主动性普遍不高，学生畏难情绪较重，但他们也具有好奇心强、喜欢动手的特点，特别适合采用"做中学"的教学方法。

接下来说教材，本课所使用的教材是高等教育出版社出版的《电子技术基础与技能》，该教材的特点是以能力为本位、重视实践能力的培养，将素质教育和职业教育有机地结合在一起。本节内容是组合逻辑电路的重要组成部分，前一节主要讲授了基本逻辑门电路，本节课利用复合逻辑门电路设计制作三人表决器，既是对前面知识的巩固练习，又为下一节学习编码器、译码器等中规模集成电路奠定了基础，具有承上启下的作用。本课的学习能帮助学生明确组合逻辑电路设计的思路与方法，体会到所学知识在现实中的应用，因此占有非常重要的地位。

依据教学大纲，结合学生的实际情况，教学目标如下：

知识目标：掌握三人表决器设计方法和步骤，并设计三人表决器电路。

能力目标：培养学生理论联系实际的能力、动手实践能力及初步的电路设计能力。

情感目标：结合"项目教学法"在教学过程中培养学生团队精神、合作创新意识，提升职业素养。

本节课的教学重点是：成功制作三人表决器电路，实现所要求的逻辑功能。解决的办法是：借助微课、导学案等信息化手段，采用项目教学、理实一体教学方法，提高学生的学习积极性、主动性。

教学难点是：根据功能要求，设计相应电路。解决的方法是利用反转课堂、课前导学、提前下发导学案等措施，提高课堂效率。关键点是根据实际要求列出真值表。

基于上述分析，我采用以下策略：本节课依托世界大学城建立与教学同步的信息化教学资源，通过网络教学环境中的在线学习平台、模拟仿真软件，促进学生自主学习，突出重点，攻破难点。

本节课我整体采用理实一体化教学模式，除了采用项目教学法，还综合运用了情景教学法、任务驱动法等多种教学方法。在整个教学过程中体现了反转课堂、微课等先进的教学理念，充分发挥了教师的主导作用、突出了学生的主体地位。

在教学过程中，引导学生采用探究式学习法，培养学生独立解决问题、构建知识体系的能力。采用小组合作法，在学习中培养学生良好的合作意识。

下面重点说说我的教学过程：学生课前下载世界大学城空间提供的电子教案、教学课件、微课视频等，教师提前下发导学案，根据任务书准备好相关的实验器材。

第一步是创设情景。上课之前先让学生观看中国达人秀视频，了解表决的意义，然后创设工作情景、布置工作项目，请学生给中国达人秀活动制作三人表决器。

引入本次任务后，组织学生进入空间进行资讯查阅，观看微课视频、课件，学习本课知识要点，让学生利用网络平台，查询了解所需用的元器件，为下一个环节准备素材。

第二步是计划决策。通过"空间教师苑"模块进行分组讨论，学生利用其平台提交设计方案。通过空间平台提出问题，教师鼓励各学习小组大胆讨论，师生互动交流，寻求解决方案。根据实际情况列出相应关系表，填写真值表，再根据真值表写出符合要求的表达式，最后确定逻辑电路图，这些都是通过在线交流平台来实现的。在这个环节中利用世界大学城空间，促进学生自主学习，师生积极互动。

第三步是利用模拟仿真软件对所设计的电路进行验证。这样做能够提高电路的可实施性，且可以对该电路多种方案进行验证。

第四步是动手实践环节。学生以小组为单位自主练习，通过以下五个环节来实现。①清一清：焊接前，将工具摆放整齐，台面收拾干净，根据元件清单清点元件；②测一测：安装电路前对所有元器件进行检测，培养学生良好的实验习惯；③做一做：首先在纸上设计好元件布线图，培养学生的合理分布元件的习惯，然后进入空间观看焊接工艺微课，学习焊接工艺要点，在焊接过程中注意焊接事项；④查一查：焊接完毕后对电路进行检测，观察直流电源是否正常，目的是规范学生的安全操作，提高学生检修电路的能力；⑤试一试：电路检测完毕后，对照逻辑功能表，看电路是否能满足设计要求。整个制作流程完成以后，清理现场，做好 6S 管理，形成良好的职业习惯。在整个实践环节老师巡回指导，学生对照微课察看细节，解决疑难，体现了个性化教学的理念。通过指导、参照、察看、动手实践掌握知识和技能。

最后一步为检查与评价。通过世界大学城在线考试平台对理论知识进行检查与考核。对学习效果的评价，我采用自评、他评、师评等多种方式，鼓励各组学生在自评的基础上，上讲台展示自己的产品，谈谈自己的收获，并评选出设计和制作调试最成功的冠军组予以表彰，使学生收获成功的喜悦，增强自信心和成就感。

接着，我趁热打铁，布置 2 个课后习题，指导学生上网搜索资料，选择合适的集成电路，设计制作新表决器。

谈谈教学反思：本节课利用世界大学城网络学习平台，提高学生自主学习能力，化被动学习为主动学习；利用导学案，明确学习内容，化复杂知识为简单知识；利用微课视频，轻松掌握电路制作技巧，化抽象为直观；利用模拟仿真软件，模拟电路现象，多次反复操作，化枯燥为生动。总之，利用信息化教学，整合资源，全时互动，使得学生的学习成效更专业、更出色。

本节课存在不足之处：小组进行分配时没有考虑到各成员的综合素质；网络学习平台的操作技巧不太熟练。

我的说课到此结束，谢谢各位评委的指导。

第七章　应用电子技术专业的教学组织

教学组织是指在一定的空间环境中，围绕既定的教学内容或者学习经验来实现既定的教学目标，教师和学生之间相互作用的一种方式、结构和程序。教学组织形式是由其所开设的课程和教学特点决定的，常见的教学组织的基本形式分为理论为主的教学和实践为主的教学。理论为主的教学是指课堂理论教学形式，实践为主的教学是指实训操作、认知实习和生产实习等教学形式。

一、理论课程的教学组织

理论课程的教学是指把一定数量的学生，按照文化程度、年龄组成教学班级，由教师根据教学计划规定的内容和学时数实行集体教学，系统地传授理论知识的教学组织形式。

（一）教学组织的基本要求

1. 教学目的明确

教学目的是一堂课的指导思想，它是一门学科的教学宗旨的具体体现。教学目的明确有三层含义：一是教学目的要完整，应该包含知识传授、能力培养和思想教育等方面；二是教学目的必须具体明确，避免大而空；三是课堂上师生的一切活动都必须紧紧围绕教学目的进行。

2. 教学内容正确

讲课时做到教学内容正确，这是教好一堂课最基本的要求。教学内容正确有两方面的含义：一是教师的教学必须保证教材内容的科学性和思想性；二是教师的教学要注意教材的重点和难点，并以重点和难点为突破口，带动学生掌握教学的基本内容。

3. 教学方法得当

教学方法对实现教学目的、提高教学质量起着桥梁作用。在课堂教学中，要使教学方法得当，必须做到三点：一是所采用的方法能保证教学目的实现和教学任务完成；二是所采用的教学方法富有启发性，能充分调动学生学习的积极性，师生配合默契；三是把多种教学方法有机地结合起来。

4. 教学组织严密

一堂课可以划分为课的开始、课的进行和课的结束三个阶段。教师的教学组织严密要求三点：一是要求教师不仅要组织好每个阶段的活动，而且还要让这三个阶段前后衔接、安排合理、环环紧扣；二是要求教师具有较强的组织能力和时空感，能控制教学节奏；三是要求教师建立教学常规，让学生在课堂上的一言一行都有一定的规范和要求。

5. 教学语言清晰

语言是教师在课堂上传导信息、表达思想感情的重要工具。教师要掌握好语言的艺术：说话要清楚、准确、鲜明、有条理；讲授要通俗易懂、深入浅出、生动形象、富有启发性；语速语音语调快慢适中、高低恰当、抑扬顿挫、富有情感。

6. 双方活动积极

双方活动积极是指在课堂教学中既要充分发挥教师的主导作用，又要充分激发学生学习的主动性和积极性，达到师生关系融洽、双方活动默契、教学交融共鸣、思维碰撞共振、课堂气氛热烈、师生教学相长的良好效果。

（二）教学组织的基本过程及策略

1. 组织设计

讲授式课堂教学强调教师向学生传授大量的系统知识和技能，强调教师在教学过程中充分发挥主导作用。其组织设计步骤如下：

第一步：设趣阶段。教师必须采取合适的方法、手段引起学生注意，激发学生学习的动机与兴趣，告知学生学习目标，引发学生对学习的预期与心向。利用多媒体或实物、真实事件给学生以生动、形象、新鲜的刺激，利用先行组织者使学生初步了解新旧知识之间的联系，是这一阶段通常采用的做法。

第二步：导入新课阶段。引发学生一定的学习心向后，教师必须从学习目标出发，依逻辑关系一步步推导出达成新的学习目标所必需的前提性知识。由此，激活学生头脑中已有的知识，对掌握前提性知识的情况进行检查、复习、诊断，如果学生已理解、掌握并能有效地运用原有知识，则教师可引导学生进入新知识的学习；反之，则必须及时对学习新知识所必需的前提性知识进行必要的补救性教学。

第三步：讲解新课阶段。在顺利激活学生头脑中已有知识的基础上，教师要及时引导学生进入新知识的学习。在传授新知识时，教师既不能照本宣科，也不能离题万里，而是要将学习的内容、任务整合成易于被学生所理解的有组织的知识结构，把这些知识与学生生活实际、现代社会和高科技发展等紧密结合起来，并根据具体情况选择恰当的教学方法，以适当的方式呈现、讲授给学生。

第四步：知识巩固阶段。新知识传授完毕后，教师的讲授和学生的接受进入并存共进的学与教互动的阶段。对于教师来说，这一阶段的任务是：把新知识与学生头脑中已有知识进行更深入的比较，阐明新旧知识的联系，促进学生对新知识的选择编码，从而促成学生对新知识的理解；通过一定量的高质量、多种变式的巩固练习，对学生头脑中重组或完善过的知识结构进行强化、检验，促使学生能把学习到的知识迁移应用到新情景中去。

第五步：评价反思阶段。作业布置并不意味着讲授式教学的结束，新课程标准理念指导下的讲授式教学必须有教师和学生的评价总结反思环节。评价总结反思可以在课堂内进行，也可以在课后进行。

2. 组织实施

组织课堂教学，不仅表现为教师组织好课堂的秩序，更表现为教师组织好整个课堂教学的活动程序，即组织好整个课堂活动。如：按教材内容的授课程序，哪一步需要学生的活动，哪一步需要教师的活动，这些活动如何按授课内容要求去组织，如何衔接和过渡，最终构成相互配合的有机活动整体。

整个课堂活动，教师不仅是在一定的教学方法法下进行，还要借助各种教学手段展开。比如，教师借助板书、挂图、幻灯片、仪器等辅助教学器材，结合相应的提问、讨论、操作、演练等课堂活动从容地组织实施教学。

3. 组织素养

教师在教学过程中必须具备各方面的素养，并能综合性、创造性地发挥和表现出来。一般说来，这些素养包括：

（1）从容地驾驭课堂。

教师要从容自如地组织教学，首先应具备驾驭课堂的素质，包括驾驭学生、驾驭教材、驾驭整个课堂活动。在组织教学过程中，教师要拿得起、放得下，能放能收、收放自如："放"则能把学生的活动组织起来，把学生的积极性调动起来，并使学生的活动置于教师的监导之下，使其活而不乱；"收"则能把学生的注意力迅速集中起来，从而使整个课堂教学集中有散、散中有集、活而不乱、井然有序。

（2）自如的教学态度。

"教态"是一个教师内在气质的外在表现。从静态上看，教师应着装整洁，显示其庄重自然的仪表；从动态上看，教师对语言表达、举止神态的综合运用应合理得体。教师在语言表达上为了适应课堂活动的需要而灵活采用讲授、讲解、朗诵、对话等不同语音形式并辅之以姿势神态配合，促使课堂上各种活动方式的顺利变换、自然衔接，并彰显各种活动的特色，产生相应的课堂效果。

（3）熟悉的教材内容。

教师要对教材内容了如指掌，根据教材的内容特色和学生的状况来组织设计教学，以教学内容为线索，把各种教学活动组织成一个统一的活动整体，从而提高整个课堂的教学效果。

（4）精细的指导操作。

教师应具有熟练的操作技能，在指导学生实操过程中先做示范。演练、实验、操作是在理论指导下实施的，是一个理论知识应用于实践的过程。教师应在组织教学时对学生的演练和操作及时指导，保证学生正确运用和进一步巩固学过的理论知识，从而把学生掌握的理论知识转化为实践中的动手操作能力。教师如果不具备指导操作的素质，就无法将这些活动与其他课堂活动配合、衔接。

二、实训课的教学组织

应用电子技术专业实训课教学是至关重要的实践性教学环节，它对于提高学生理论联系实际水平、提升学生基本实训技能具有重要意义。实训课的教学过程有以下五个基本环节：

（一）实训课的课前准备

做好实训课前的各项准备工作，是保证上好实训课的前提，教师应做好实训课前的各项准备。首先，准备好实训设施。根据实训的项目和内容，准备好实训场所、原材料、工具、实验仪器等，确保各项设施的数量和质量，保证实训正常进行。其次，备好实训课。备好课是上好实训课的先决条件，备课不仅要备教材，还要备学生、备实际操作的各种方法。备课时，要提出重点、难点，还要熟练进行实训操作，同时要考虑到学生在实际操作过程中或使用设备过程中可能出现的安全隐患，要做到心中有数。

（二）实训任务的导入

实训任务的导入是指教师根据实训要求布置实训任务，根据任务目标，结合已经讲解过的理论知识，介绍实训操作的原理和基本方法，引导学生思考，提高动手能力。例如，在设计制作波形发生器实训任务前，我们首先提出问题：常见的波形有哪些？这些波形可以由哪些模拟电路来组成？复习讲过的理论知识，理解常见的波形有正弦波、方波和三角波，分别由桥式振荡电路、电压比较器和积分器产生。

对于给出的电路图，要在理论上分析电路的工作原理。从整体到局部，先讲解电路的整体功能，再将电路分成各个模块，指出各模块的功能，最后介绍每个核心元件的特点、引脚功能和参数。

（三）实训操作的示范指导

教师的示范指导是实训课教学的重要环节，它可以使学生直观地进行学习，在学生实训中起着举足轻重的作用。教师进行指导示范可分为三个方面：集中指导、巡回指导和个别指导。集中指导是指教师先将学生集中在一起进行示范讲解，将实训任务、操作步骤、实训要领交代清楚，并动手示范操作。巡回指导是指教师在学生进行模仿操作时，细心观察每一位学生，在巡回过程中随时解答学生提出的问题，注意学生操作是否安全、动作是否规范。个别指导是指教师对于操作不正确的个别学生，及时提醒并纠正，帮助他找出问题、耐心指导，必要时，教师要手把手地进行指导。

例如，在手工焊接技术实训时，教师讲解电烙铁焊接五步操作法的要领（即准备焊接、加热被焊件、熔化焊料、移去焊料、移去电烙铁等），要先进行整体动作示范，再进行分解动作示范。通过指导教师分步讲解，边示范边指导学生练习，让学生在练习中掌握基本操作。

（四）电路的调试与检测

电路的调试与检测是电子技术应用专业实训课程中的重要内容，是提高学生实践技能的主要方法。首先，电路板目检。电路焊接好后，在检查该电路是否可以正常工作前，通常不直接给电路供电，而是先观察电路板，对电路进行初步检查，如元件是否安装正确，连线是否正确，是否有连焊、虚焊等。其次，通电观察。看是否有异常现象，如有无冒烟、有无异常气味、元件是否发烫等。最后，测量各路总电源电压和个别元件引脚的电压，确保元件正常工作。

（五）实训总结与评价

实训总结是实训不可少的一个环节，只有总结才会有进步。学生应认真书写实训报告，总结实训内容、实训步骤、注意事项、实训的收获、存在问题、解决问题的方法。

教师对学生实训报告进行评价，采用学生自评、互评、指导教师点评等方法进行。同时，总结在实训中学生掌握技能的情况、实训是否达到预期效果、影响实训成绩的因素等。通过总结，教师能够更加合理地安排实训内容，使学生掌握相应知识和技能。

三、课堂拓展：学生进行理论教学与实训教学的演练

以下介绍"数字钟的制作与调试"项目实验课教学设计案例。

（一）教学分析和准备

我校电子实训室集多媒体教室与生产流水线于一体，有利于学生自主查找资料，有利于教师利用信息化手段进行教学。在本实训项目课程的教学设计中，根据我校实际情况，将信息化技术融合进来。

1. 学情分析

教学对象：中职电子专业二年级学生

知识基础：经过前面理论课程的学习已经掌握了模拟电路的基本知识，学生会使用万用表检测电阻、电容、二极管等常用元器件，会使用电烙铁组装电路，会使用常用仪器，如稳压电源、低频信号发生器、示波器等调

试电路。学生已经掌握了数字电路的基础知识，对门电路、译码电路及触发器电路有了比较深入的了解。学生喜欢动手操作，喜欢上网，对信息技术有着浓厚的学习兴趣，中职二年级学生已有一定的 IE 浏览器使用基础（会浏览网页、查资料、网上交流等），具有一定的自主学习能力和探究意识，但分析问题、解决问题的能力有待加强，学习方法有待继续改进。

2. 教材分析

本实训项目的内容选自校本规划新教材《电子产品装配工艺》一书中的项目五：数字钟的制作与调试。

通过"数字钟的制作与调试"实训项目的学习，使学生深入理解计数器、译码显示电路的工作原理。根据学生由易到难、由浅到深的认识规律，层层推进项目任务，把理论知识融入到项目完成的进程中。

3. 教学重点及难点

项目重点：数字钟电路的组装及调试。

项目难点：数字钟电路的工作原理及故障检修。

4. 采取的主要教法

任务驱动法、问题引领法：以任务为载体，以问题为纽带，让学生通过"先行再议而后知"的方式，通过对学习活动的充分参与，来获得个人的体验，在主动解决问题的过程中建构知识、提升能力。

演示教学法：针对学生体验过程中遇到的共性问题进行面上指导，以提高学生的学习效率，降低学生的学习难度。

小组竞赛法：通过课堂竞赛展现技能实力，增强竞争意识。

自主学习法：培养学生的自主学习能力，增强团队合作意识。

探究学习法：让学生借助于书本、学案、网络等学习资源，通过相互讨论、询问老师等多种途径掌握新知。

本节采取的主要教法：小组竞赛法、自主学习法和探究学习法。

5. 教学资源准备

（1）学生准备。

①异质分组：为了平衡个体差异，教师根据学生特质进行分组，每 3 人一组（保证每组有一名动手及思维能力较强的学生，一名相对较弱的学生），全班共分为 12 组，每组推选一名组长，形成相互关心、相互学习、共

同进步的氛围。

②学生通过上网查找，收集整理资料（网页、图片、书籍等）。学生课前按照电子体验单内容预习本节课相关知识，能够正确使用万用表、示波器等测量仪器仪表，安全正确使用电烙铁。

（2）教师准备。

①教学环境准备：多媒体电脑、视频展台、投影仪、摄像头、综合实训室等。

②实训器材准备：数字万用表 UT58D、指针式万用表 MF47、通用示波器 YB4330、电子计数器 YB1731A、双路直流稳压电源 THD-1、制作好的数显时钟电路板、数字显示时钟电路套件、电烙铁、焊锡丝、斜口钳等。

③学习资源准备：精心设计与本项目配套的电子体验单及电子课堂评价表；制作多媒体教学课件；用高清摄像头为全班每个同学拍摄电子照片。

④网络资源库：百度知道（http：//zhidao.baidu.com）等网站、数据库。

（二）教学过程设计

数字钟的制作与调试情景设定如下：

1. 基本情况

（1）授课教师：略。

（2）学习领域名称：电子产品装配工艺。

（3）学习单元名称：数字钟的制作与调试。

（4）学时数：18 学时。

（5）授课班级：略。

（6）授课时间：略。

2. 课程资源

（1）参考课程实施计划、电子教案、引导文、考核表、元器件清单、元器件测试记录表。

（2）教学设备：多媒体设备、电脑。

（3）教学方法：讲授法、小组讨论法、任务教学法、案例教学法、实物演示法、范例教学法。

3. 教学目标

（1）知识要求。

熟悉逻辑门原理、应用；掌握印制电路板的生产流程；熟悉多种进制数之间的转换；熟悉编码规律；掌握逻辑运算规律、逻辑函数的表示方法、互换及化简；了解逻辑门的相关参数；掌握基本逻辑门、复合逻辑门的应用。

（2）技能要求。

掌握数字钟制作与调试技能；掌握常用仪器仪表的使用；掌握电路所需元器件的极性好坏判别；能根据数字钟电路原理图绘制印制电路板；掌握数字钟所需要的焊接技能；掌握数字钟的故障排查；掌握数字钟电路的检测。

（3）素质要求。

树立学生的团队合作意识；锻炼学生处理事情的能力；树立学生爱岗敬业的意识；树立学生安全生产的意识和节能减排、爱护环境的社会道德意识；增强学生的积极性，培养收集、翻阅资料信息的能力；让学生学会选择工具和仪器仪表。

4. 教学准备

（1）资料准备。

项目任务书、评价表、相关学习及教学资料的准备，学生学习好坏分析，学生分组搭档准备等。

（2）教学场地和工具准备。

电子产品装配实训室、电子产品装配工具（电烙铁、螺丝刀、镊子等）和测试工具（万用表、示波器、信号发生器等）。

5. 教学过程

（1）布置任务。

教学内容：给出项目任务书，描述项目学习目标；给出学习任务，提供参考性资料；分配学习小组；讲解说明数字钟原理。

教学资源：成品展示课件、学习资料、项目任务书、学生名单。

教学方法：讲授法、演示法、多媒体教学法、小组讨论法。

教学学时：1学时。

（2）认知与资讯。

教学内容：制订项目实施计划；小组讨论计划实施方案；查找资料，了解元器件询价及电路制作工艺流程；了解电路焊接及调试方法，示波器、万用表的使用；掌握数字钟的电路原理、功能及相关理论知识。

教学资源：教材、学习资料、PPT、万用表、示波器、焊接工具。

教学方法：讲授法、演示法、多媒体教学法、头脑风暴法、小组讨论法。

教学学时：8 学时。

（3）计划与决策。

教学内容：明确所使用的仪器、设备和工具；编制元器件清单，准备器件；检测元器件；印制电路板的设计。

教学资源：学习资料、PPT。

教学方法：探究式教学法、案例教学法、范例教学法、小组讨论法。

教学学时：2 学时。

（4）操作与实施。

教学内容：电路原理分析、印制电路板的制作、元器件的焊接与安装、电路调试与故障维修、撰写技术文档。

教学资源：学习资料、电脑、万用表、元器件清单、元器件测试记录表、烙铁、镊子、焊锡等焊接工具、示波器。

教学方法：实践法、小组讨论法、问题探究法。

教学学时：4 学时。

（5）检查与评估。

教学内容：填写项目总结报告、演示汇报与评比、教师评分。

教学资源：评价表。

教学方法：角色扮演法、小组讨论法。

教学学时：3 学时。

（三）数字钟的制作与调试情景授课计划

数字钟的制作与调试情景授课计划如下：

课时：18 学时　（注：1 学时＝45 分钟）

1. 情景描述

当今社会，什么地方都需要时间，什么地方都离不开时间，而且很多地方对时间要求精准，如医院、学校、火车站、军事机构等。简易数字钟的组装与调试可以激发学生对时间和数字钟电路的兴趣，让学生对数字逻辑电路有更深的认识。

2. 教学条件

电子产品装配工艺实训室、PCB 制作实训室、电子电路实验台（包含双踪示波器、稳压电源、频率计、信号发生器）；电子产品装配和调试常用工具，示波器、万用表等常用测试仪表；授课场地和多媒体设备。

3. 教学目标

（1）知识目标：掌握基本逻辑门、复合逻辑门的应用，了解逻辑门相关参数；掌握印制电路板的制作流程；掌握二、十、十六进制的互换，了解 BCD 码；掌握逻辑运算规律、逻辑函数的多种表现形式和相互转化；掌握基本逻辑门、组合逻辑门的应用，了解逻辑门的参数。

（2）技能目标：掌握数字钟制作与调试技能；掌握常用仪器仪表的使用；掌握电路所需元件的极性好坏判别；能画出数字钟的 PCB 图；掌握数字钟所需要的焊接技能；掌握数字钟的故障排查；掌握数字钟电路的检测。

（3）素质目标：培养学生的沟通能力及团队协作精神；锻炼学生分析事件、解决事件的本领；培养学生勇于创新、敬业乐业的工作作风；提高学生对电子产品高质高量的认识，确立学生安全用电和操作意识，培养对自己岗位的责任心及对工作环境卫生的认识；学会自我学习、收集信息、查阅技术资料；在电子线路和逻辑电路安装与调试过程中会选择常用工具和仪器仪表。

4. 教学内容

接收数字钟电路组装和测试任务，阅读项目要求、装配指导性资料；清点材料的数量，编写材料清单；购买与检测元器件；熟悉逻辑门的工作特性和性能指标；了解逻辑运算规律、逻辑函数的多种表现形式；掌握基本逻辑门、组合逻辑门的应用；熟悉印制电路板的设计与制作；实践装配元器件，拿万用表和其他仪器仪表进行数字钟测试；掌握数字钟原理及非正常状态判断和检修、数字钟的构成及应用；理解数制与码制、逻辑代数的基础知识。

5. 教学过程

（1）布置任务。（1 学时）

①项目描述。

主要内容：下发项目任务书，描述项目学习目标。

教学资源及工具：成品实物展示、PPT、项目任务书。

教学方法：讲授法、实物演示法、多媒体教学法。

参考时间：15 分钟。

②布置任务。

主要内容：交代项目任务，分发学习资料，提供信息收集网址。

教学资源及工具：项目任务书、教学资源网站、PPT、学习资料。

教学方法：讲授法、多媒体教学法。

参考时间：10 分钟。

③数字钟原理说明。

主要内容：实现计数的方法。

教学资源及工具：网站资源、学习资料、PPT、技术资料。

教学方法：讲授法、多媒体教学法。

参考时间：5 分钟

④学生提问。

主要内容：排疑解惑。

教学资源及工具：学习资料、PPT。

教学方法：小组讨论法。

参考时间：10 分钟。

⑤项目分组。

主要内容：分配工作小组。

教学资源及工具：学生名单。

教学方法：小组讨论法。

参考时间：5 分钟。

（2）认知与资讯。（8 学时）

①职业道德。

主要内容：操作规程、6S 管理。

教学资源及工具：电子产品生产操作规程、质量管理体系。

教学方法：讲授法、多媒体教学法。

参考时间：15 分钟。

②理论知识。

主要内容：数字钟的应用；进制的互换，了解 BCD 码；掌握逻辑运算和函数的多种表现形式；基本逻辑门、组合逻辑门的应用，掌握逻辑门的参数；数字钟的原理、制作与调试方法；逻辑电路的故障排除方法。

教学资源及工具：教材、学习资料、网络资源、PPT、万用表、示波器。

教学方法：多媒体教学法、讲授法、演示法。

参考时间：255 分钟。

③操作技能。

主要内容：电路焊接及调试方法、示波器的使用、万用表的使用。

教学资源及工具：学习资料、操作手册、示波器、焊接工具、万用表。

教学方法：演示法、小组讨论法、头脑风暴法。

参考时间：45 分钟。

④方案比较。

主要内容：几种不同电路特点比较。

教学资源及工具：学习资料、元器件信息。

教学方法：小组讨论法、头脑风暴法。

参考时间：15 分钟。

⑤成本核算。

主要内容：元器件询价、电路工艺制作流程。

教学资源及工具：网络资源、器件资料。

教学方法：小组讨论法、头脑风暴法。

参考时间：15 分钟。

⑥任务分配。

主要内容：小组工作任务分配。

教学资源及工具：学生名单。

教学方法：小组讨论。

参考时间：15 分钟。

（3）制订计划。（2 学时）

①工作计划。

主要内容：小组按安全、环保、节约成本的基本要求，讨论工作计划，教师对计划进行指导。

教学资源及工具：学习资料、网络资源、PPT。

教学方法：小组讨论法、探究式教学法、案例教学法。

参考时间：45 分钟。

②实施计划。

主要内容：根据工作计划，考虑实际实施条件，制订实施计划和流程；教师进行指导。

教学资源及工具：学习资料、网络资源、PPT。

教学方法：小组讨论法、问题讨论法、范例教学法。

参考时间：40 分钟。

③实施记录表格的制定。

主要内容：设计实施过程的记录表格，教师进行指导。

教学资源及工具：学习资料、网络资源、PPT。

教学方法：小组讨论法、范例教学法。

参考时间：课后自行完成。

④分配工作任务。

主要内容：小组成员自行分配工作任务。

教学资源及工具：学生名单。

教学方法：小组讨论。

参考时间：5 分钟。

（4）操作与实施。（4 学时）

①元器件的检测。

主要内容：根据元器件清单清点器件、测试并记录，教师进行指导。

教学资源及工具：万用表、元器件清单、器件测试记录表。

教学方法：实践法、小组讨论法。

参考时间：15 分钟。

②绘制电路装配图。

主要内容：根据工艺装配流程绘制电路装配图，教师指导。

教学资源及工具：电脑、万用板、原理图。

教学方法：实践法、小组讨论法。

参考时间：15 分钟。

③元器件的焊接与电路装配。

主要内容：元器件引脚成形；手工焊接，电路连接；检查，补焊。

教学资源及工具：烙铁、镊子、焊锡等焊接工具，视频资料。

教学方法：实践法、小组讨论法。

参考时间：60分钟。

④电路调试。

主要内容：确定调试方法和调试步骤；调试并记录过程。

教学资源及工具：示波器、万用表、学习资料、调试记录表、视频资料。

教学方法：实践法、小组讨论法。

参考时间：45分钟。

⑤故障维修

主要内容：记录故障现象；判断故障产生原因；领取维修耗材；维修并调试；填写维修记录表。

教学资源及工具：万用表、示波器、学习资料。

教学方法：实践法、小组讨论法、问题探究法。

参考时间：45分钟。

（5）检查与评估。（3课时）

①填写项目报告书。

主要内容：记录项目流程、细节与体会。

教学资源及工具：PPT、项目报告书。

教学方法：现场教学、小组讨论。

参考时间：45分钟。

②演示评价。

主要内容：以小组为单位进行演示和汇报；解答提出的问题；小组互评及师评。

教学资源及工具：项目报告书、评价表。

教学方法：角色扮演。

参考时间：45分钟。

③总结归纳与提高。

主要内容：根据互评和师评，小组讨论优化方案。

教学资源及工具：评价表、小组记录本。

教学方法：小组讨论。

参考时间：45分钟。

（6）考核方式。

学习纪律与学习态度（权重30％）：根据考勤和遵守纪律情况评分。不按时到岗每次减去3分，缺课每次减去10分，上课时间接电话、吸烟一次扣10分，上课吃东西一次扣5分，参与每一个环节并答疑每次加5分，能对每一个环节提出整改意见一次加5分。

职业素养（权重30％）：焊接台上的所有装配工具排列有序加5分，工具与数字钟配件按指定地点摆放加5分，能按学校实验室规章制度进行项目实施的加10分，听从老师指挥或小组安排完成任务的每次加10分，反之按情况给予一定分数扣分。

项目作品（权重40％）：提交作品为数字钟产品、项目报告书，缺一项扣20分。根据电路装配工艺、编制的工艺文件来评分。电路原理分析错误一处扣5分，识别测试元件参数、元件引脚排列错误一次扣5分，元件成形不合规范扣5分，不按顺序安装一处扣2分，焊点不合规范一处扣1分，有虚焊一处扣5分，焊接过程有安全事故一次扣20分，工艺文件不合规范一处扣2分，调试方案不对扣5分，调试设备使用不当扣3分，排版格式明显不合理每处扣2分（百分制）。

注：详细评分项参照培训考核标准。

（四）数字钟的制作与调试引导文

引导文：数字钟的制作与调试引导文。

专业名称：电子电器应用与维修专业。

学习情景：数字钟的制作与调试。

班级：略。

姓名：略。

课时：18学时

1. 任务描述

通过本课程的学习，学生能够达到以下目标：读懂任务书；能制订实施计划；掌握数字钟的使用；学会二、十、十六进制的互换和BCD码的编码规律；掌握逻辑运算规律，逻辑函数的表示方法、互换及化简；掌握基本逻辑门、复合逻辑门的应用，了解逻辑门的参数；掌握数字钟的制作与调试方法；掌握逻辑电路的故障排除方法；熟悉安全操作、6S管理。

2. 项目实施步骤

（1）任务分发：按照引导文中的项目任务书引导文，明确任务要求；

（2）搜集资料：同学们可以通过上网、图书馆借书、请教等多种形式咨询，完成项目知识预习；

（3）知识技能准备：准备完成任务所需知识和相关技能；

（4）计划制订：在老师的指导下，小组讨论根据引导文中项目计划引导，制订项目计划；

（5）项目进行：在小组成员的配合下，或自己一个人按任务要求对数字钟进行装配与调试；

（6）考核评价：填写项目检测表，写好项目报告，制作 PPT 进行项目汇报，同学之间互评，老师做出最后评价和给出指导性意见；整理资料并进行资料归档。

3. 目标描述

（1）知识要求：掌握逻辑门的相关知识及应用；了解逻辑门相关参数；熟悉 PCB 板的生产环节；掌握不同数制之间的转换规律，了解 BCD 码；掌握逻辑运算规律、逻辑函数的多种表现形式和相互转化。

（2）技能要求：掌握数字钟制作与调试技能；掌握常用仪器仪表的使用；掌握电路所需元件的极性好坏判别；能根据数字钟电路原理图绘制印制电路板；掌握数字钟所需要的焊接技能；掌握数字钟的故障排查；掌握数字钟电路的检测。

（3）综合要求：树立学生的团队合作意识；锻炼学生处理事情的能力；树立学生爱岗敬业的意识；树立学生安全用电和操作的意识和节能减排、爱护环境的社会道德意识；增强学生的积极性，培养收集、翻阅资料信息的能力；让学生学会选择工具和仪器仪表。

4. 资讯阶段

在本阶段，学生可以自由组队，每个队不能超过 8 人，并选好小组负责人。通过本阶段学习，学生能够达到以下目标：

（1）通过讲练的方式掌握数字钟电路的基本知识；

（2）下达项目任务书；

（3）列出在检测过程当中所使用的仪器仪表；

（4）了解什么是数字钟的应用；

（5）掌握进制的互换，BCD码；

（6）理解逻辑运算规律、逻辑函数的表示方法、互换及化简；

（7）掌握基本逻辑门、复合逻辑门的应用，了解逻辑门的参数；

（8）熟悉数字钟的原理、制作与调试方法；

（9）知晓逻辑电路的故障排除方法；

（10）掌握的操作技能：掌握电路焊接及调试方法；熟悉示波器和万用表的使用方法。

5. 计划、决策阶段

（1）研讨数字钟电路关键点的检测与调试方案。

（2）制作团队工作计划表，如表7-1所示。

表7-1　团队工作计划表

序号	工作内容	完成时间	责任人

（3）调整设计方案与团队分工，并决定数字钟的制作与调试的实施方案。

6. 实施阶段

（1）数字钟电路的元器件检测。

根据电路原理图，选择确定安装元器件，列出材料清单；设计一个元器件检测情况记录表；确定本工作任务需要使用的工具和辅助设备，填写表7-2。

表7-2　元件检测情况记录表

项目名称：		数字钟电路检测与调试	
元器件清单	使用工具	辅助设备	备注
1			
2			
3			
……			

（2）数字钟电路的制作。

（3）数字钟电路关键点的检测与调试

小组讨论，分工合作按照任务书完成各项任务，如表 7-3 所示。

表 7-3　任务完成情况记录表

序号	任务完成情况	存在的问题	解决方案与结果
任务 1			
任务 2			
任务 3			
任务 4			
任务 5			

每组准备汇报材料，小组成员进行汇报，小组互评，老师对方案进行评价说明，整理相关资料。

7. 检查评估阶段

参考评分标准如表 7-4 所示。

表 7-4　检查评估表

学习情景：数字钟电路的制作与检测			教师姓名：		
小组名称：			姓名：		
项目名称：					
学习时间：　　　　年　月　日　　—　　　年　月　日					
评价项目		评分依据	优秀	合格	不合格
自我评价20分	学习态度	按时到课，无特殊情况不缺课；勤学好问，学习积极性高，认真完成项目；遵守纪律、实训制度，尊敬老师、友爱同学	9分及以上	6~8分	6分以下
	项目情况	基本完成项目所提出的各项要求；懂得数字钟电路的基本原理；会使用万用表或示波器检测数字钟电路；会对数字钟简单故障进行分析、排查	9分及以上	6~8分	6分以下
个人自评总分			合计：		

（续表）

小组评价30分	学习态度	按时到课，无特殊情况不缺课；勤学好问，学习积极性高，认真完成项目；遵守纪律、实训制度，尊敬老师、友爱同学	9分及以上	6~8分	6分以下
	团队协作	完成对数字钟的检测，并记录关键数据；能相互提出有意义的建议和意见；能科学地用正确的观点评价其他同学作品	17分及以上	12~16分	12分以下
小组自评总分			合计：		
实训教师评价50分	项目效果	关键点检测方法合理；仪器仪表测得数字钟相关数据要准确有效；装配与调试过程中的方法应该行之有效	9分及以上	6~8分	6分以下
	技能	基本上掌握数字钟电路的工作原理；基本上完成数字钟的安装与调试；能正确使用工具和仪器仪表；能帮助小组成员解决一些技术问题	9分及以上	6~8分	6分以下
	组织和管理	小组合作效率高、完成效果好；能够开展多样性讨论活动；能够针对组员不同水平调节学习进度	9分及以上	6~8分	6分以下
	规范性	基本按电子产品装配流程完成项目；能够准时完成项目，按时提交项目作业；装配过程中有较强的安全意识和管理意识	9分及以上	6~8分	6分以下
	工作态度	项目学习积极性高，在岗位上尽职尽责；项目学习期间与小组成员团结互助；能对项目的学习及时总结并分享经验	9分及以上	6~8分	6分以下
评价实训教师总分			合计：		
总分			合计：		

（五）数字钟的制作与调试教案

1. 任务：数字钟的制作与调试的制作

（1）活动一：元器件识别与检测。

①基本知识点。

集成电路 CD4060、CD4013、CD4518、CD4511、CD4081 的识别；电路中常用元器件的检测；数码管识别与测试；阻容元器件识别与检测；稳压二极管识别与检测；石英晶体的识别与检测，注意石英晶体无极性。

②教学设计。

教师通过视频展台展示已经组装好的工作中的数显时钟，引起学生的好奇心和动手操作的强烈欲望。具体教学内容包括：教师强调元器件的缺失或损坏对电路组装的影响；学生根据数字显示时钟套件元件清单，清点元器件是否有缺失；学生识别和检测集成块引脚和数码管引脚；学生使用万用表对阻容元器件、稳压二极管和石英晶体进行检测，并记录测量结果；教师对学生这部分内容的完成情况进行总结。

③学生活动。

学生通过元器件清点核对套件，明确所安装的元器件；根据电子体验进行单元器件的识别与检测。

④教师活动。

教师展示实物鼓励学生自己组装一个数显时钟；教师巡回指导、个别辅导与集体点评相结合，抓拍一些错误的操作；教师针对学生的操作进行总结。

⑤设计意图。

元器件的识别与检测这部分内容，学生已经在专业理论课上学习过，并进行实验操作，通过课前体验复习已学知识，在实际操作中发现问题，再针对性地解决问题，把课堂交给学生，培养学生自主解决问题的能力。

⑥媒体资源。

利用相机拍摄学生的错误操作，利用视频展台展示学生的正确操作。

（2）活动二：数字时钟电路的组装。

①基本知识点。

安装工艺要求：电阻器卧式贴板焊接，电阻的色标方向应一致；电容器立式贴板焊接；稳压二极管贴板焊接；石英晶体立式贴板焊接；集成电路采用插座贴板焊接；开关贴板焊接。安装顺序按照先低后高、先小后大、先轻后重的原则进行。

焊接注意事项：学生在使用电烙铁前应先检查一下电烙铁的好坏，处理好烙铁头，在使用过程中，不要碰到电烙铁的发热部位，不要烫坏电源线，电源线要放在手臂外侧。一旦发生电烙铁短路现象或不小心烫坏电源线，应及时切断电源，然后对电烙铁进行检修。电烙铁加热焊盘及引脚时间不能过长，使焊锡熔满焊盘即可，一般时间是 2～3 秒。注意焊点要光亮，不能虚焊、连焊、错焊、漏焊、铜箔脱落，同时还要注意用锡要适量，不要太多，如引脚不好焊，在焊接到板上前对引脚进行镀锡操作，保证可焊性。焊好之后，将引脚剪掉，保留焊点高度 0.5～1 毫米。

印制电路板如图 7-1 所示。

图 7-1　数字时钟印制电路版图

②教学设计。

学生回忆以前学过的知识，叙述良好焊点的要求、安装工艺要求；学生说出焊接过程中的注意事项；教师进行总结，对于学生说明的不足之处进行补充；学生对照印制电路板元件面和焊接面，找准各元器件的焊接位置，找到各集成电路的焊接位置，并根据焊接工艺要求对元器件引脚进行整形处理；按原理图组装电路。

安装顺序按照先低后高、先小后大、先轻后重的原则；印制板焊接好后，将电源导线焊接到正确位置；各小组将制作好的电路板图片上传至服务器，师生共评，评选出制作最好的作品，如图 7-2 所示。

图 7-2　数字时钟焊接的作品

　　③学生活动。

　　学生回忆安装工艺，小组讨论安装注意事项；观看图片中的错误操作，学生组装电路；学生对照自己是否有类似的错误操作，有则改之，无则加勉；共同观察并点评各小组递交的作品，参与"最佳制作小组"的评选。

　　④教师活动。

　　教师引导学生回忆组装工艺、焊接工艺等环节，针对本项目集成块比较多的特点，提醒学生注意集成块与插座的良好接触，并巡回指导、观看学生的焊接是否符合工艺要求。教师对学生实训过程中出现的不规范操作，可用相机拍摄图片和视频。教师对组装过程中存在的问题应及时讲解更正；点评学生作品，指出作品中的不完善之处，给学生继续完善提供依据，同时找寻做得最完善的电路板。

　　⑤设计意图。

　　学生已经在专业理论课上学习过焊接工艺以及元器件装配工艺这部分内容，并已进行过实验操作。教师采用小组讨论交流的教学方法，让学生自主学习，唤起记忆。为了提高学生的参与度，教师利用多媒体屏幕、电脑和视频展示等方法展示学生的作品，让学生参与评价，互相查漏补缺，共同进步。教师把电路板图片上传到服务器，为学生建立作品库，也有利于师生评价出最佳的电路板。

　　⑥媒体资源。

　　教师拍摄的图片和视频，还可以利用视频展台，演示数字显示时钟安装步骤，学生观看一目了然。

2. 任务：数字时钟电路的调试与故障分析

（1）活动一：数字时钟电路的调试。

①基本知识点。

通电前的检查：电路安装、焊接完成后，将使用到的数字集成电路按引脚标志插入到插座内。检查无误后，接通＋5V电源进行调试。

调试电路：将直流稳压电源调整到＋5V，关闭电源后，与数字时钟电源端相连。开启电源后，用示波器探头测试集成电路 CD4013 的 1 脚是否有频率 1 Hz 的矩形波输出。由于频率太低，所以波形显示为光点上下转动轨迹。如果没有 1 Hz 秒脉冲，检查集成电路 CD4013 和集成电路 CD4060 及外围元件。使用示波器逐点观察集成电路 CD4060 的 Q 端波形，并记录对应波形。

调试秒计数、译码和显示电路：将秒计数校时开关置于计数状态。通电后观察数码管是否按照 00～59 的规律依次显示，每秒显示 1 个数字。若显示不正常，用万用表检查集成电路 CD4518-1 和对应的集成电路 4511 电源电压是否正常。如果电源电压正常，使用示波器检查秒脉冲是否加到秒计数器的 CP 端，直至显示正常为止。

调试分计数、译码和显示电路：在秒计数显示正常后，将分计数校时开关置于校时状态。通电后的检查方法与秒计数相同。

调试小时计数、译码和显示电路：检查方法与分计数相同。

校时分秒到当地时间：校时的过程通常是按照校时、校分和校秒的顺序进行。

②教学设计。

学生小组讨论电路通电前应做哪些准备工作及如何正确连接电路；教师对学生的讨论结果进行点评，指出不足之处；教师提出调试步骤，以小组为单位进行通电调试，要求学生安全规范操作；对于通电不成功、出现故障的电路，指导学生使用万用表、示波器一步一步查找原因；故障清除完毕后，学生校时校准到当地时间，完成电子体验单。

③学生活动。

学生仔细观察思考，学会调试方法。学生根据电子体验单，对自己组装的数字显示时钟进行调试，完成体验单上的数据记录任务。学生对于不会或者不熟悉的地方可以以小组为单位进行讨论。

④教师活动。

教师播放视频文件，演示调试过程。教师提出要求，并进行巡回指导，将个别辅导和集体辅导相结合，并拍摄学生在调试过程中的不规范操作。等学生操作完毕，做部分点评。

⑤设计意图。

学生就业主要从事安装电路、调试电路、设计电路等方面的工作，因此要求学生除了有装配方面的技能外，还要有相关的理论基础。本课程的设计让学生从实际电路的调试过程中逐步发现、体验理论基础，巩固数字显示时钟的工作原理，这符合学生的认知特点，有利于突破教学难点，同时还能培养学生的兴趣，在小组合作的过程中培养团队精神。

⑥媒体资源。

教师录制的视频文件和拍摄的视频与图片，既能加深学生印象，也可以指导和督促学生规范操作。

（2）活动二：数字显示时钟典型电路故障检修。

①基本知识点。

1）故障现象：数码管无任何显示。

检修步骤：5V 工作电源是否连接好；3.3V 稳压输出是否稳定；送到数码管管脚的电平 a～g 电平是否正常；检测集成电路 CD4511 是否处于译码状态，即检测三个控制端的连接；检测集成电路 CD4511 芯片中 D、C、B、A 端的输入状态。

2）故障现象：计时时间过慢。

检修步骤：可以肯定为故障在分频电路。检测集成电路 CD4060 引脚，用示波器判断频率输出；检测集成电路 CD4013 引脚，用示波器判断频率输出。

3）故障现象：显示正常，但不计数。

检修步骤：检测秒脉冲电路工作是否正常，如不正常检查振荡分频电路，检测振荡电路是否起振；检查集成电路 CD4518 的连接是否正确，是否处于计数状态。

4）故障现象：进位错误。

检修步骤：进位电路是否接错；集成电路 CD4018 芯片（四 2 输入与门）工作是否正常。

②教学设计。

在调试过程中，学生能掌握排除故障的经验。学生根据调试过程中遇到的故障现象，讲解排除故障的方法，观看教学软件，对供电电路、进位电路、计数电路和译码显示电路等电路出现相关故障作分析，对上述电路故障的排除方法作总结。通过找故障游戏来巩固和提高排除电路故障的能力。

③学生活动。

由出现电路故障的学生讲解故障现象及排除故障的方法，其余同学作补充。小组之间进行讨论，看是否能排除故障。学生观看教学软件中模拟的电路故障现象，并回答问题，小组讨论找出故障原因。

④教师活动。

教师针对出现电路故障的电路可能存在的问题，带领学生进行总结归纳，鼓励学生组间帮助，解决困难，教师加以引导并作必要补充，将巡回指导、个别辅导和集体辅导相结合。向学生播放教学软件，教师总结归纳排除该电路故障的步骤和方法。

⑤设计意图。

数字显示时钟的故障检修是教学的难点，对学生来说，装配电路器件、调试电路比较容易，但是遇到出现电路故障的电路板，查找故障就比较困难。传统排除电路故障的教学方式是教师简单地讲解排除电路故障的理论方法，但纯粹的理论讲解，无法激发学生的学习热情。利用信息化的教学手段可以弥补这一缺陷，有效地突破该教学设计的难点，使学生在虚拟的电路故障排除游戏中收获成功维修电子产品的喜悦。

（3）活动三：设计一个按作息时间表打铃电路，使数字时钟成为数字作息钟

①活动内容。

如何实现整点报时功能？在数字时钟的基础上，设计一个按作息时间表准时动作的打铃控制电路，使数字时钟成为数字作息钟。将设计好的数字作息钟电路制成印制电路板，选择元器件，并进行安装、调试。

②学生活动。

小组讨论整点报时功能实现的硬件组成，细化作息钟的任务为时钟＋报时。

③教师活动。

师：听说同学们上学都能不迟到，你们好样的，能告诉老师是如何做到呢？

答：通过设置闹钟来实现的。

师：我们所做的数字时钟只能正确走时，稍作改装就可以进行报时了（引导学生根据自身需要改装电路）。

④设计意图。

教师引导学生积极利用所学知识分解困难，最终解决困难。在解决困难的过程中培养学生的逻辑思维能力和团队合作意识，让学生享受成功的喜悦，收获自信心。学生能学会自制印制板，并在这个过程中熟悉企业的生产流程，很好地提升自身职业素养。

3. 教学反思

根据课堂效果和学生自评、组评、师评的结果，本节课达到教学目标，学生能够自己动手检测电阻电容、二极管、数码管及各种常用元器件，可以独立完成电路的组装与调试。

成功之处在于以下几点：

（1）自制教学软件，通过动画把抽象的电流转化为可见的信息流形象地呈现给学生，有利于学生理解工作原理，突破了教学难点。在排除电路故障任务中，通过教学软件模拟，避免了教师在讲解故障分析时刻意制造故障的尴尬。

（2）教师巧妙设计游戏，避免单调乏味，让学生学得轻松活泼，体现"玩中学，学中玩"的教学理念。

（3）课堂中教师通过拍摄学生操作，有效地实现学生间互评，把课堂交给学生，有效地突出学生的主体地位，有利于学生自主学习。

（4）网络资源的有效利用，培养了学生利用网络获取知识的能力，能将学习与现代科技紧密结合，真正做到由浅入深，学以致用。

不足与改进之处：小组合作探究时，少数学生依赖性太强，有点想偷懒，大家一起做的时候，光在旁边看，对这部分学生尤其要注意课中督促，加强课前及课后的引导。

在进行电路故障分析时，有些电路故障是因组装不到位造成的，由于接触不良，电路时好时坏，对于这种电路故障本人还没有想到适合的模拟办法，希望在座专家能给予帮助，提升本人信息化运用的能力。

第八章　应用电子技术专业的教学评价

教学评价是依据教学目标对教学过程及结果进行价值判断并为教学决策服务的活动，是对教学活动现实的或潜在的价值做出判断的过程。教学评价是研究教师的教和学生的学的价值过程。教学评价一般包括对教学过程中教师、学生、教学内容、教学方法手段、教学环境、教学管理诸因素的评价，但主要是对教师教学工作（教学设计、组织、实施等）的评价（教师教学评估）、对学生学习效果的评价（考试与测验），这是教学评价的两个核心环节。评价的方法主要有量化评价和质性评价。

一、评价的类型与功能

教学评价是以教学目标为依据，按照科学的标准，运用一切有效的技术手段，对教学过程及结果进行测量，并给予价值判断的过程。教学评价是对教学工作质量所做的测量、分析和评定，它包括对学生学业成绩的评价和对教师教学质量的评价。

教学评价具有诊断、激励、调节和教学作用等功能。诊断作用是指在教学过程中教学评价可以诊断出教和学中存在的问题。激励作用是指教学评价对教师和学生具有监督和强化作用，通过评价反映出教师的教学效果和学生的学习成绩。经验和研究都表明，在一定的限度内，经常记录成绩的测验对学生的学习动机具有很大的激发作用，可以有效地推动课堂学习。调节作用是指教学评价产生的信息可以使师生知道自己的教和学的情况，教师和学生可以根据反馈信息修订计划，调整教学行为，从而有效地工作，以达到所规定的目标，这就是评价所发挥的调节作用。教学作用是指教学评价本身也是一种教学活动，在这个活动中，学生的知识、技能将获得长进，智力和品德也有进展。教学评价的方法有测验、征答、观察提问、作业检查、听课和评课等。

（一）教学评价的分类

根据教学评价在教学活动中发挥作用的不同，可把教学评价分为诊断性评价、形成性评价和总结性评价三种类型。

诊断性评价是指在教学活动开始前，对评价对象的学习准备程度做出鉴定，以便采取相应措施使教学计划顺利、有效实施而进行的测定性评价。诊断性评价的实施时间，一般在课程、学期、学年开始或教学过程中需要的时候进行。

形成性评价是指在教学过程中，为调节和完善教学活动，保证教学目标得以实现而进行的确定学生学习成果的评价。形成性评价的主要目的是改进、完善教学过程，步骤是：

第一步，确定形成性学习单元的目标和内容，分析其包含要点和各要点的层次关系。

第二步，实施形成性测试，测试包括所测单元的所有重点。测试进行后教师要及时分析结果，同学生一起改进、巩固教学。

第三步，实施平行性测试。其目的是对学生所学知识加以复习巩固，确保掌握并为后期学习奠定基础。

总结性评价是指以预先设定的教学目标为基准，对评价对象达成目标的程度即教学效果做出评价。总结性评价注重考查学生掌握某门学科的整体程度，概括水平较高，测验内容范围较广，常在学期中或学期末进行，次数较少。

根据评价所运用的方法和标准不同，可分为相对性评价和绝对性评价。

相对性评价是指从评价对象集合中选取一个或若干个对象作为基准，将余者与基准做比较，排出名次、比较优劣的评价法。相对评价法便于学生在相互比较中判断自己的位置，激发竞争意识。

绝对性评价是指在被评价对象的集合以外确定一个客观标准，将评价对象与这一客观标准相比较，以判断其达到程度的评价方法。绝对评价设定评价对象以外的客观标准，考查教学目标是否达成，可以促使学生有的放矢，主动学习，并根据评价结果及时发现差距，调整自我，具有明显的教育意义。

（二）教学评价的原则

教学评价原则主要包括：客观性原则、指导性原则、整体性原则、科学性原则和发展性原则。

客观性原则是指在进行教学评价时，从测量的标准和方法到评价者所持有的态度，特别是最终的评价结果，都应该符合客观实际，不能主观臆断或掺入个人情感。因为教学评价的目的在于给学生的学和教师的教以客观的价值判断，如果缺乏客观性就失去了意义，导致教学决策的错误。

指导性原则是指在进行教学评价时，不能就事论事，而是要把评价和指导结合起来，要对评价的结果进行认真分析，从不同的角度找出因果关系，确认产生的原因，并通过及时的、具体的、启发性的信息反馈，使被评价者明确今后努力的方向。

整体性原则是指在进行教学评价时，要对组成教学活动的各方面做多角度、全方位的评价，而不能以点代面，一概而论。由于教学系统的复杂性和教学任务的多样化，教学质量往往从不同的侧面反映出来，表现为一个由多因素组成的综合体，为了反映真实的教学效果，必须把定性评价和定量评价综合起来，使其相互参照，以求全面准确地评价客体的实际效果，但同时要把握主次，区分轻重，抓住主要矛盾。

科学性原则是指在进行教学评价时，要从教与学相统一的角度出发，以教学目标体系为依据，确定合理统一的评价标准，认真编制、预试、修订评价工具。在此基础上，使用先进的测量手段和统计方法，依据科学的评价程序和方法，对获得的各种数据进行严格的处理，而不是依靠经验和直觉进行主观判断。

发展性原则是指教学评价是鼓励师生、促进教学的手段，因此教学评价应着眼于学生的学习进步和动态发展，着眼于教师的教学改进和能力提高，以调动师生的积极性，提高教学质量。

教学评价的发展趋势是在评价主体上更加强调学生的自评，在评价功能上更加注重发挥评价的教育功能，在评价类型上更加重视实施形成性评价，在评价方法上更多采用相对评价法。

（三）教学评价的功能

教学评价在促进教学质量方面具有重要的功能。教学评价的功能主要包括导向功能、鉴别和选择功能、反馈功能、咨询决策功能、强化功能和竞争功能。

导向功能：按照教育方针，课程计划规定的学校培养目标，以及各科教学大纲规定的教学目的、任务、内容，是教学评价的基本依据，它们是通过教师的教和学生的学的具体活动来实现的。在评价过程中，把师生的活动分解成若干部分，并制定出评价标准。根据这些标准判定师生的活动是否偏离了正确的教学轨道、教育方针和教学目标，有无全面完成各科教学大纲规定的目的和任务，从而保证教学始终沿着正确的方向发展。教学评价有利于各级各类学校端正教学指导思想和办学方向。

鉴别和选择功能：教学评价可以了解教师教学的效果和水平、优点和缺点、矛盾和问题，以便对教师考察和鉴别。这有助于学校和教育行政领导决定教师的聘用和晋升，有助于在了解教师状况的基础上安排教师的进修与提高。教学评价能对学生在知识掌握和能力发展上的程度作出区分，从而分出等级，为升留级、选择课程、指导学生职业定向提供依据，为选拔、分配、使用人才提供参考。同时，也是向家长、社会、有关部门报告和阐释学生学习状况的依据。

反馈功能：通过教学评价，能使教师和学生知道教学过程的结果，及时地提供反馈信息。反馈信息在教学中具有重要的调节作用。教师获得评价的反馈信息，能及时地调节自己的教学工作，使教师了解自己的教学方法和教学过程组织中的某些不足，诊断出学生在学习上存在的问题与困难；可使教师明确教学目标的实现程度，明确教学活动中所采取的形式和方法是否有利于促进教学目标的实现，从而为改进教学提供依据。学生获得反馈信息，能加深对自己当前学习状况的了解，确定适合自己的学习目标，从而调整自己的学习。此外，反馈信息还能激发学生学习动机。研究表明，经常对学生记录成绩，并加以适当的评定，可以有效地激发并调动学生的学习兴趣，推动课堂学习。

咨询决策功能：科学的教学评价是教学工作决策的基础。只有对教学工作有全面和准确的了解，才能作出正确的决策。例如，1981年美国教育部组织了一次历经18个月的教育评价活动，在教学评价后明确指出：由于学校课程普通，学生学习时间短，鼓励学生学习的措施减少，学校教学质量下降，培养出了越来越多的庸才。这个评价结果在美国引起了强烈反响，有 50 个州对学校教学进行了决策，采取了以下措施：提高教学要求；延长学生学习时间；改革课程设置、教学内容和方法；有计划地培训教师，提高教师水平。教学决策实践表明，任何科学的教学决策都是建立在教学评价提供具有说服力的评价结果基础上的。

强化功能：教学评价可以调动教师教学工作的积极性，激起学生学习的内部动因，维持教学过程中师生适度的紧张状态，可以使教师和学生把注意力集中在教学任务的某些重要部分。实验证明，适时地、客观地对教师教学工作作出评价，可使教师明确教学中取得的成就和需要努力的方向，可促使教师进一步研究教学内容、教学方法，提高教学水平。对于学生来说，教师的表扬、鼓励、学习成绩测验等，可以提高学习的积极性和学习效果。同时，教学评价能促进学生根据外部获得的经验，学会独立地评价自己的学习结果，即自我评价。自我评价又有助于学生成绩的提高。

竞争功能：教学评价尽管不要求排名次等级，但其结果的类比性是客观存在的。如通过学生的学习成果评价，就能引起任课教师之间、学生之间、班级之间、学科之间的横向比较，使教师了解到教师、学生、本班、本学科的优势和劣势，看到差距，认识到自己在总体中的相对地位，这在客观上能起到促进良性竞争的作用。

二、应用电子技术专业教学评价的标准

应用电子技术专业教学评价的标准内容较多，一般来说，它包含应用电子技术专业课程教学标准和课堂教学质量评价标准。

（一）应用电子技术专业课程教学标准

应用电子技术专业课程教学标准是该专业教师教学的依据，它包括课程简介、课程目标、教学设计和课程考核四个部分。其中，课程目标包含知识目标、能力目标和素养目标。课程考核就是达到该课程目标所提出的考核要求，它一般应该包括考核要点、考核方法和成绩评定办法。

应用电子技术专业的课程考核又可以分为理论课程考核和实训实习课程考核，下面就具体的课程教学标准中的课程考核给出具体的实例。

1. 实例一　专业基础课程"电子技术基础与技能"课程教学标准

课程名称：电子技术基础与技能

课程代码：略

课程类别：专业基本能力课程

适用专业：电子电器应用与维修

参考学时：164 学时

建议开课学期：第二、三学期

（1）课程概述。

本课程是电子电器应用与维修专业的一门专业基本能力课程，为该专业学生学习的必修课。采用讲练结合、以练为主的一体化教学模式。它要求学生掌握模拟电路和数字电路的基本知识以及简单电路的分析和检测方法，学会电子产品维修常用工具及仪器仪表的正确操作方法，具备对简单模拟电路和数字电路的分析与检测能力。

（2）课程目标。

①知识目标。

掌握电子元器件与常用集成产品的基本知识；

掌握常用电子仪器仪表的基本操作知识；

掌握整流滤波电路、稳压电路、基本放大电路、功率放大电路、振荡与反馈电路、集成运算放大器等单元电路的工作原理；

掌握数字电路的基本知识；

掌握编码器、译码器等组合逻辑电路的工作原理；

掌握触发器、寄存器、计数器等时序逻辑电路的工作原理。

②能力目标。

能正确使用常用电子仪器仪表测量电路数据和波形；

能识别并检测常见电子元器件；

能对整流滤波电路、稳压电路、基本放大电路、功率放大电路、振荡与反馈电路、集成运算放大器等单元电路进行分析和检测；

能设计简单功能模拟电路，并合理选择元器件；

能对编码器、译码器、触发器、寄存器、计数器等基本数字电路进行分析和检测；

能设计简单功能数字电路，并合理选择元器件。

③素质目标。

具有良好的职业道德、规范操作意识；

具有良好的语言表达能力；

具备良好的团队合作精神；

具有开拓创新的学习精神。

（3）课程教学设计。

该课程教学设计对应的课程知识目标和能力目标分为 9 个训练项目，其教学课程内容、教学要求、评价要求和教学方法如下：

①项目一：电信号的测量。

教学内容：直流稳压电源的结构、功能和使用方法；信号发生器的结构、功能和使用方法；示波器的结构、功能和使用方法。

教学要求：能正确使用直流稳压电源；了解一般常用仪器仪表的种类和用途；了解函数信号发生器的用途及功能，掌握函数信号发生器的操作使用方法；了解示波器的用途及功能，掌握示波器的操作使用方法。

评价要求：过程评价（自评、互评、教师评价）；作业；回答问题；作品考核。

教学方法：演示法；观察法；理实一体训练法；总结法。

②项目二：直流稳压电源的制作。

教学内容：晶体二极管的结构、分类、特性与主要参数等基本知识；滤波电路的作用与类型、电容滤波电路工作原理及电路特性；单相半波、桥式整流电路组成与工作原理；单相整流滤波电路制作与测试；三极管结构、符号、各极电流的分配关系、工作状态以及输入输出特性曲线；半导体器件的型号与命名；三极管放大电路的性能指标、静态工作点计算与测试、交直流通路；共射、共基和共集放大电路的组成与分析；反馈的概念、负反馈的种类及对放大电路的影响；二极管并联稳压电路原理；带放大环节串联型可调直流稳压电路工作原理；三端集成稳压器的种类、参数与典型应用电路；带放大环节串联型稳压电路的制作与调试；开关稳压电源相关知识。

教学要求：了解二极管的单向导电性，并能用万用表判断二极管的极性与好坏；能看懂整流滤波电路原理图；能按照工艺要求独立完成整流滤波电路的安装与测试；会使用万用表识别、检测晶体三极管；掌握半导体器件的命名方法，能识别型号的含义；会使用万用表测试三极管的静态工作点；能正确搭接分压式偏置放大器，并会调试其状态、测试输入输出波形；掌握反馈类型的判别方法；能分析稳压电路的工作原理；能按照工艺要求独立完成分立元件串联型可调直流稳压电源的安装与调试。

教学评价：过程评价（自评、互评、教师评价）；作业；回答问题；作品考核。

教学方法：讨论法；讲授法；多媒体展示；演示法；观察法；理实一体训练法；总结法。

③项目三：音频功率放大器的制作。

教学内容：功率放大器的性能要求和类型；OTL、OCL 功放器工作原理；直流放大器及其零点漂移的产生与抑制；差分放大电路与差模信号、共模信号、共模抑制比的概念；集成运算放大器的构成、符号、主要参数与使用常识；理想集成运算放大器的特点与虚短、虚断的概念；反相比例运放、同相比例运放、加法器、减法器等集成运放的应用电路；根据要求制作一个前置放大器并进行测试；根据要求组装一个音频功率放大器并进行测试；集成运算放大电路（如 LM324）的应用与集成功放（如 TDA2030）典型应用。

教学要求：能识读 OTL、OCL 功率放大电路原理图并了解低频功率放大电路的要求和分类；能按照工艺要求安装调试音频功率放大器；能用示波器、低频信号发生器对音频功率放大器进行测试；能排除音频功率放大器的简单故障；理解共模和差模抑制比的概念；能够识读由集成运放构成的电路图；能够安装集成运放组成的前置放大器；能根据实际要求正确选用运算放大器，并估算运放输出电压值。

教学评价：过程评价（自评、互评、教师评价）；作业；回答问题；作品考核。

教学方法：讨论法；讲授法；多媒体展示；演示法；观察法；理实一体训练法；总结法。

④项目四：报警器的制作。

教学内容：振荡电路的组成与振荡条件；LC 正弦波振荡电路的类型、电路组成与性能特点；RC 正弦波振荡电路的类型、电路组成与性能特点；石英晶体振荡器的特点及典型应用；RC 正弦波振荡电路的制作与测试；简易报警器产品的制作与测试；LC 串联谐振、并联谐振及调谐放大电路。

教学要求：了解振荡电路的组成与振荡条件；了解振荡电路类型及其应用；会通过用万用表测试重要电压和用示波器测试波形等方法判断振荡器是否起振；能看懂简易报警器电路图；会组装和调试简易报警器。

教学评价：过程评价（自评、互评、教师评价）；作业；回答问题；作品考核。

教学方法：讨论法；讲授法；多媒体展示；演示法；观察法；理实一体训练法；总结法。

⑤项目五：调光台灯制作。

教学内容：晶闸管的基本结构和工作特性等基础知识；晶闸管调光台灯的组装与调试项目训练；特殊晶闸管的应用。

教学要求：会判断晶闸管的引脚、好坏；能看懂晶闸管调光灯电路图；会挑选调光灯电路元件；会组装调试调光灯。

教学评价：过程评价（自评、互评、教师评价）；作业；回答问题；作品考核。

教学方法：讲授法；观察法；理实一体训练法；总结法。

⑥项目六：数字电路认知。

教学内容：模拟信号、脉冲信号、数字信号、数字电路及特点与分析方法；数制的概念，十进制数、二进制数、二进制数和十进制数相互转化，其他进制数与 8421 码；三种基本逻辑门电路和常见复合门电路的逻辑关系、逻辑结构、真值表、逻辑符号和逻辑函数表达式；TTL 集成电路产品系列和外形封装，TTL 集成门电路主要参数、使用注意事项，常用小规模集成门电路的类型及型号；CMOS 反相器、与非门、或非门、传输门的电路结构、工作原理、主要参数特点，CMOS 电路使用注意事项，常用 CMOS 集成门电路的类型及型号；逻辑代数基本公式；逻辑函数的化简与逻辑代数在逻辑电路中的应用；逻辑电路、真值表和逻辑函数间的关系；TTL 集成逻辑门的功能与参数测试项目训练；CMOS 集成逻辑门的功能与参数测试。

教学要求：了解数字电路的特点，理解模拟信号和数字信号的区别；掌握数字信号的表示方法，了解数字信号在日常生活中的应用；了解脉冲波形主要参数的含义及常见脉冲波形；掌握各种数制及相互转换，了解8421码的表示形式；掌握基本逻辑关系、基本逻辑电路符号，认识各种逻辑芯片，掌握真值表、逻辑符号和逻辑函数的关系；能利用图书和网络资源查找使用逻辑芯片，了解 TTL 集成逻辑门和 CMOS 逻辑门的外部特性，会测试其逻辑功能，并区别使用；了解逻辑代数的表示和运算法则；能对逻辑函数进行化简。

教学评价：过程评价（自评、互评、教师评价）；作业；回答问题；作品考核。

教学方法：讨论法；讲授法；多媒体展示；演示法；观察法；理实一体训练法；总结法。

⑦项目七：表决器制作。

教学内容：组合逻辑电路的基本特点、分析方法、设计步骤；二进制编码器、二-十进制编码器；二进制译码器，二-十进制译码器；半导体数码管、分段显示译码器；制作三人表决器电路，实现相应功能；半加器、全加器逻辑电路，数据选择器和数据比较器。

教学要求：掌握逻辑门路的基本知识；了解集成门电路的常用产品；会识别常用 TTL、CMOS 电路产品，并能进行测试；掌握组合逻辑电路的一般设计方法；会设计三人表决器的逻辑电路，能制作三人表决器。

教学评价：过程评价（自评、互评、教师评价）；作业；回答问题；作品考核。

教学方法：讨论法；讲授法；多媒体展示；演示法；观察法；理实一体训练法；总结法。

⑧抢答器制作。

教学内容：基本 RS 触发器的逻辑符号、逻辑功能和真值表；同步 RS 触发器的逻辑符号、逻辑功能和真值表；JK 触发器的逻辑符号、逻辑功能和真值表；D 触发器的逻辑符号、逻辑功能和真值表；T 触发器的逻辑符号、触发方式、逻辑功能和真值表；集成触发器的应用简介；常用触发器功能检测；制作一个四路抢答器电路，实现相应功能，并进行电路检测、调试；利用集成触发器设计分频器，利用集成触发器设计触摸开关电路，扩展多人数码抢答器。

教学要求：了解触发器的特点和应用；了解基本 RS、同步 RS 触发器的逻辑电路，掌握逻辑符号和逻辑功能；掌握 JK 触发器、D 触发器的电路符号和逻辑功能；了解不同触发器的触发方式，读懂不同触发方式的逻辑符号，能绘制不同触发方式的输出波形；能利用图书和网络资源查找使用集成触发器芯片，熟悉引脚排列的功能，能用正确的方法区别使用；会制作一个四路抢答器电路，并进行电路检测与调试。

教学评价：过程评价（自评、互评、教师评价）；作业；回答问题；作品考核。

教学方法：讨论法；讲授法；多媒体展示；演示法；观察法；理实一体训练法；总结法。

⑨秒计数器制作。

教学内容：寄存器的作用与数码寄存器的工作过程；右移、左移寄存器的逻辑电路工作原理、逻辑功能和状态表；双向移位集成寄存器功能、封装和引脚功能；二进制异步加法、减法计数器的计数过程、状态表，集成二进制计数器引脚排列和功能表；二-十进制编码，集成十进制计数器功能表、工作过程、引脚封装；集成计数器、寄存器功能检测；秒计数器电路制作；计数器构成分频器。

教学要求：了解寄存器的功能，能分析数码寄存器工作过程；了解移位寄存器的逻辑功能，能根据需要使用左移、右移和双向移位寄存器；了解二进制加、减法计数器的电路结构，掌握计数器的逻辑功能和状态表；熟悉集成二进制计数器引脚排列和功能表；了解二-十进制编码原理，能根据集成十进制计数器的功能表选择芯片，能正确判别芯片引脚功能；能正确安装调试秒计数器电路，实现功能。

教学评价：过程评价（自评、互评、教师评价）；作业；回答问题；作品考核。

教学方法：讨论法；讲授法；多媒体展示；演示法；观察法；理实一体训练法；总结法。

（4）训练项目设计。

本课程训练项目应根据产业特点和就业岗位，参照下列训练项目示例合理设计训练项目。

训练项目示例：直流稳压电源制作

任务描述：根据自己设计的直流稳压电源的功能与技术指标合理选择元器件和电路板，正确选择工具和仪器，遵循 IPC-A-610D 等技术标准进行手工装配和调试，符合工艺要求，实现直流稳压电源的功能，达到技术指标要求。

训练内容与要求：

①进行直流稳压电源的电路设计，做好装配准备。

通过查阅资料、电脑仿真等手段，设计可行、实用的直流稳压电源电路。

根据设计，合理选配电子元器件和电路板，清点所需仪器设备、工具及材料。

②遵循 IPC-A-610D 等技术标准，手工安装和调试直流稳压电源电路。

安装时，能正确识读和选择不同类型的电子元器件。正确选择焊接工具，按照手工焊接通孔和贴片元件的要求进行元器件的手工装配，装配后不能出现虚焊、桥接、拉尖，以及元件、焊盘或印制板损伤等不良现象，必须基本符合 IPC-A-610 规范要求。

调试中，能正确选择和使用仪器仪表对电路的技术参数进行测量与调试并使之达到要求，能完整翔实记录试验条件和结果。

③在装配调试完成后，填写实训报告。

④在整个装配调试过程中，要符合企业电子产品生产线员工的基本素养要求，体现良好的工作习惯，防止检修仪器设备和人身安全事故发生。

（5）课程考核。

为全面、综合地考核学生课程学习的情况，课程成绩考核由学生学习过程考核、学生训练的作品考核和理论考试相结合，综合评定课程成绩，如表 8-1 所示。

表 8-1 课程考核的成绩评定方案

过程考核（40%）										作品考核（30%）	理论考试（30%）	成绩汇总
项目一	项目二	项目三	项目四	项目五	项目六	项目七	项目八	项目九	小计			

①过程考核：对学生完成每个项目学习的过程给出评价，包括学习纪律、学习态度、安全规范、设备保养、项目作业与作品等，9 个项目评价的平均值为课程过程考核分值。过程考核的具体评分标准由各校自行制定。

②作品考核：学生在完成本课程学习时分别组织一次模拟电路和数字电路操作综合考核，随机抽取已经学过的项目完成操作，教师对项目的完成情况、安全质量进行评价，给出作品考核分值。作品考核的具体评分标准由各校自行制定，如表 8-2 所示。

表 8-2 训练项目实例"直流稳压电源制作"参考评分标准

评价内容	配分	考核点	备注
职业素养与操作规范（30分）	2分	正确着装和佩戴防护用具，做好工作前准备	出现明显失误造成贵重元件或仪表、设备损坏等安全事故；严重违反实训纪律，造成恶劣影响的本大项记 0 分
	3分	采用正确的方法选择电子元器件	
	5分	合理选择设备或工具对 THT 元件进行成形和插装，对 SMT 元件进行拾取和贴装	
	5分	正确选择装配工具和材料，分别对 THT、SMT 元件进行手工装配，且装配过程符合手工装配和焊接操作要求	
	5分	合理选择仪器仪表，正确操作仪器设备对电路进行调试	
	5分	按正确流程进行装调，并及时记录装调数据	
	5分	任务完成后，整齐摆放工具及凳子、整理工作台面等使之符合"6S"要求	

（续表）

评价内容		配分	考核点	备注
作品质量（70分）	装配工艺	30分	电路板作品要求符合 IPC-A-610D 标准中各项可接受条件的要求（1级），即符合标准中的元件成形、插装、手工焊接等工艺要求的可接受最低条件：1. 元器件选择正确；2.THT 元件的成形、插装，SMT 元件的拾取和贴装分别符合工艺和操作要求；3.THT 元件引脚和焊盘浸润良好，无虚焊、空洞或堆焊现象，SMT 元件无立碑，焊点无桥连、漏焊等现象；4. 无短路现象	
	功能	30分	电路通电正常工作，且各项功能完好，功能缺失按比例扣分	
	指标	10分	测试参数正确，即各项技术参数指标测量值的上下限不超出要求的 10%	

③理论考试：每学期组织一次本课程的基本理论考试，考试时间 100 分钟，考试成绩作为理论考试成绩，如果本课程安排多个学期教学，则各学期理论考试的平均值为本课程的理论成绩。

说明：缺课三分之一以上者不能参加期末考试。

（6）其他说明。

①本课程标准在使用过程中，要根据教学情况进行不断的完善与修订。

②任课教师可以根据教学情况，制订教学计划，设计更加详细、完善的单元教学方案，教学学时可以根据教学周数浮动 10% 左右。

③训练项目参考学时可以根据各学校实际情况予以调整，以保证项目训练的正常实施。

2. 实例二 专业实践课程《电子电器产品装配工艺》课程教学标准

课程名称：电子电器产品装配工艺

课程代码：略

课程类别：专业基本能力课程

适用专业：电子电器应用与维修

参考学时：60 学时

建议开课学期：第三、四学期

（1）课程概述。

本课程是电子电器应用与维修专业的一门专业基本能力课程。通过讲练结合、以练为主的一体化教学，使学生掌握电子电器产品装配工艺的相关知识，学会常用电子元器件的检测方法、常用仪器仪表及电子装配工具的使用，具备熟练操作工具和仪表，按照电子装配工艺文件要求，进行电子电器产品的焊接、装配、调试的能力，初步达到焊接、装配、调试中级技能水平。

（2）课程目标。

①知识目标。

了解常用元器件的种类、符号；掌握常用元器件的识读方法；熟悉和掌握常用元器件的性能和正确的使用方法；掌握常用工具的选择和使用方法；熟悉万用表、信号发生器、示波器、电子电压表、稳压电源、频率特性测试仪等常用电子电器仪表的特性、使用方法及注意事项；掌握手工焊接、拆焊技术和工艺要求，掌握焊点质量的检验的方法；了解波峰焊和回流焊等自动焊接技术的工艺流程；熟悉整机装配工艺；了解电子产品整机生产的新技术、新工艺。

②能力目标。

能根据器件的性能、特点和主要参数，识别与检测常用电子元器件；

能熟练操作万用表、信号发生器、示波器、电子电压表、稳压电源、频率特性测试仪等常用电子电器仪表，并能进行简单维护；

熟练掌握手工焊接技术，能正确使用焊接工具，焊接出稳定可靠的电子电器产品电路部件；

熟悉电子产品的生产流程，能识读工艺文件；

能对简单电子产品进行调试；

能根据工艺文件熟练装配部件和整机。

③素质目标。

具有良好的职业道德、规范操作意识；

具备良好的团队合作精神；

具备良好的组织协调能力；

具有求真务实的工作作风；

具有开拓创新的学习精神；

具有良好的语言文字表达能力。

（3）课程教学设计。

该课程教学设计对应课程知识目标和能力目标分为9个训练项目，其教学课程内容、教学要求、评价要求和教学方法如下：

①项目一：元器件认知与检测

教学内容：万用表的使用；电阻元件、电位器、电容器、电感元件的识别与参数测量；电声器件与磁头的识别与维护；开关与继电器的识别与检测；光电器件的识别与检测；半导体分立器件的识别与检测；半导体集成电路的识别和使用常识；半导体传感器的识别与检测；表面贴装片状元件的识别。

教学要求：能正确画出阻、容、感及二极管、三极管元器件的图形符号、封装形式；能熟练用直标法、文字符号法、数码法、色标法识读电阻器、电容、电感标称值；了解万用表的基本原理，掌握万用表的使用方法和测量技巧及注意事项；能正确地、熟练地测量电阻器、电位器、电容器、电感并能判断其好坏；能正确识别电声器件与磁头、开关与继电器、光电器件，能熟练使用万用表等工具检测器件的好坏；能熟练地用外观法简易判断二极管、三极管半导体的引脚极性；能熟练使用万用表等工具判断二极管、三极管半导体的好坏；能识别半导体光敏、热敏器件，并能够熟练使用工具进行性能的检测。

教学评价：过程评价、作品考核。

教学方法：项目驱动法；示范法；理实一体法。

②项目二：焊接练习。

教学内容：焊接的基本知识；焊接的操作要领；焊接质量检测；SMT器件的手工焊接。

教学要求：了解焊接的基本知识；能正确选用焊接工具；掌握焊接的操作要领；能正确识别焊接缺陷，把握焊接质量；能熟练焊接SMT器件。

教学评价：过程评价；作品考核。

教学方法：项目驱动法；示范法；理实一体法。

③项目三：废旧电路板拆焊练习。

教学内容：拆焊工具选择；拆焊操作要领；SMT 器件的手工拆焊。

教学要求：能正确选用拆焊工具；掌握拆焊的操作要领；能熟练进行 SMT 器件的手工拆焊操作。

教学评价：过程评价；作品考核。

教学方法：项目驱动法；示范法；理实一体法。

④项目四：集成函数信号发生器的装配。

教学内容：正弦波信号发生器的基本工作原理；焊接工具的使用与维护；钳口工具的使用；剪切工具的使用；紧固工具的使用。

教学要求：掌握正弦波信号发生器的基本工作原理；认识和了解各种装调工具；能够根据需要正确选择合适的工具；能够正确使用工具进行电子产品的装接；掌握恒温烙铁和热风拆焊台的使用要领，正确使用恒温烙铁和热风拆焊台，能维护常用电烙铁。

教学评价：过程评价；作品考核。

教学方法：项目驱动法；示范法；理实一体法。

⑤项目五：集成函数信号发生器的调试。

教学内容：直流稳压电源的使用；示波器的使用；信号发生器的使用；频率特性测试仪的使用；正弦波信号发生器的调试。

教学要求：了解直流稳压电源的基本原理，掌握直流稳压电源的使用方法及注意事项；了解示波器的基本原理，掌握示波器的使用方法及注意事项；了解信号发生器的基本原理，掌握信号发生器的使用及注意事项；了解频率特性测试仪的基本原理，掌握频率特性测试仪的使用方法及注意事项；掌握正弦波信号发生器的调试方法。

教学评价：过程评价；作品考核。

教学方法：项目驱动法；示范法；理实一体法。

⑥项目六：波峰焊焊接和表面安装工艺认知。

教学方法：波峰焊的原理；波峰焊设备的认识与操作；波峰焊工艺流

程；表面安装技术特点；表面安装工艺设备；表面安装工艺流程。

教学要求：了解波峰焊的原理；认识波峰焊设备，能操作波峰焊设备；熟悉波峰焊工艺流程；了解波峰焊工艺中常见缺陷产生原因及预防措施；了解表面安装技术的特点；认识表面安装工艺设备，能操作表面安装工艺设备；熟悉表面安装工艺流程。

教学评价：过程评价；作品考核。

教学方法：项目驱动法；示范法；理实一体法。

⑦项目七：双音频电话机电路部件装配。

教学内容：印制电路板组装工艺；散热件、屏蔽装置的装配工艺。

教学要求：掌握印制电路板组装工艺流程和要求，能识读电子产品工艺文件；了解面板、机壳的加工工艺，能根据工艺文件装配面板和机壳；了解散热件、屏蔽装置的装配工艺，能根据工艺文件安装散热件、屏蔽装置。

教学评价：过程评价；作品考核。

教学方法：项目驱动法；示范法；理实一体法。

⑧项目八：双音频电话机整机总装与调试。

教学内容：电子整机总装工艺；整机调试工艺。

教学要求：了解电子整机总装工艺，能根据工艺文件进行整机总装操作；了解整机调试工艺，能根据整机调试工艺文件进行整机调试。

教学评价：过程评价；作品考核。

教学方法：项目驱动法；示范法；理实一体法。

⑨项目九：双音频电话机检验与包装。

教学内容：检验的基本知识；产品检验和例行试验；包装材料、条形码与防伪标识，电子整机包装工艺。

教学要求：了解检验的分类、构成要素和方法；熟悉电子产品检验的工艺流程；了解包装工艺的种类、包装原则与要求；掌握包装标志，储存和运输正确按照包装要求操作；熟悉电子整机包装工艺流程。

教学评价：过程评价；作品考核。

教学方法：项目驱动法；示范法；理实一体法。

（4）训练项目设计。

本课程训练项目应根据产业特点和就业岗位，参照下列训练项目示例合理设计训练项目。

训练项目示例：集成函数信号发生器的调试

任务描述：根据安装工艺文件安装完集成函数信号发生器印制电路板后，通电调试。调节波形选择开关观察输出波形，观察电路输出波形的失真度；选择频率挡位，接入不同电容实现信号频率范围选择，测量不同挡位时输出频率变化范围；调节电位器 R_{P1} 测量输出信号振荡频率，测量输出信号的频率调节范围，调节电位器 R_{P2} 测量输出方波信号占空比，测量信号占空比变化范围。

训练内容与要求：

①根据函数信号发生器电路功能，制订调试方案，选择调试仪器设备；

②装配连接集成函数信号发生器和调试仪器设备，检查无误；

③教师确认测试连接后，通电测试；

调节波形选择开关观察输出波形，观察电路输出波形的失真度；

选择频率挡位，接入不同电容实现信号频率范围选择，测量不同挡位时输出频率变化范围；

调节电位器 R_{P1} 测量输出信号振荡频率，测量输出信号的频率调节范围；

选择输出方波，调节电位器 R_{P2} 测量输出方波信号占空比，测量信号占空比变化范围。

调试中，能正确选择和使用仪器仪表对电路的技术参数进行测量与调试，并能完整翔实记录试验条件和结果。

④在装配调试完成后，填写实训报告。

⑤在调试过程中，要符合企业电子产品生产线员工的基本素养要求，体现良好的工作习惯，防止检修仪器设备和人身安全事故发生。

（5）课程考核。

为全面、综合地考核学生课程学习的情况，课程成绩考核由学生学习过程考核、学生训练的作品考核和理论考试相结合，综合评定课程成绩，如表 8-3 所示。

表 8-3　课程考核的成绩评定方案

过程考核（40%）										作品考核（30%）	理论考试（30%）	成绩汇总
项目一	项目二	项目三	项目四	项目五	项目六	项目七	项目八	项目九	小计			

①过程考核：对学生完成每个项目学习的过程给出评价，包括学习纪律、学习态度、安全规范、设备保养、项目作业与作品等，所有 9 个项目评价的平均值为课程过程考核分值。过程考核的具体评分标准由各校自行制定。

②作品考核：学生在完成本课程学习时组织一次收音机装配与调试操作综合考核，随机抽取已经学过的项目完成操作，教师对项目的完成情况、外观质量进行评价，给出作品考核分值。作品考核的具体评分标准由各校自行制定，表 8-4 所示为参考评分标准。

表 8-4　训练项目实例"集成函数信号发生器的调试"参考评分标准

评价内容		配分	考核点	备注
职业素养与操作规范（30分）		2分	正确着装和佩戴防护用具，做好工作前准备	出现明显失误造成仪表、设备损坏等安全事故；严重违反实训纪律，造成恶劣影响的本大项记0分
		5分	合理选择仪器仪表，正确操作仪器设备对电路进行调试	
		10分	按正确流程进行装调，并准确记录装调数据	
		13分	符合企业基本的 6S（整理、整顿、清扫、清洁、修养、安全）管理要求；能按要求进行工具的定置和归位，工作台面保持清洁；具有安全用电意识	
作品质量（70分）	调试电路搭建	20分	调试方案合理，调试设备、调试电路连接准确无误；电路通电正常工作，且各项功能完好	
	数据记录	20分	正确操作仪器设备，按调试步骤正确调试，数据记录准确，调试技术参数指标测量值上下限不超出要求的 10%	
	调试报告	30分	调试报告内容完整，格式规范	

③理论考试：每学期组织一次本课程的基本理论考试，考试时间 100 分钟，考试成绩作为理论考试成绩。如果本课程安排多个学期教学，则各学期理论考试的平均值为本课程的理论成绩。

说明：缺课三分之一以上者不能参加期末考试。

（6）其他说明。

①本课程标准在使用过程中，要根据教学情况进行完善与修订。

②任课老师可以根据教学情况，制订教学计划，设计更加详细、完善的单元教学方案，教学课时可以根据教学周数浮动 10％左右。

③训练项目参考学时可以根据各学校实际情况予以调整，以保证项目训练的正常实施。

3. 实例三　实习实训课程《社会实践与顶岗实习》课程教学标准

课程名称：社会实践与顶岗实习

课程代码：略

课程类别：专业基本能力课程

适用专业：电子电器应用与维修

参考学时：1000 学时

建议开课学期：第二学年期暑假与寒假、第六学期

（1）课程概述

本课程是电子电器应用与维修专业的一门专业综合实践课程，为该专业学生学习的必修课。学生通过亲身经历社会实践与进企业现场专业顶岗实习，全面、综合地了解电子企业的电子产品生产过程和生产技术；较深入、详细地了解企业生产的设备、工艺、产品等相关知识和技能；了解企业的组织管理、企业文化、产品开发与销售等方面的知识和运作过程；理论联系实际，使自己的专业知识与技能有全面的提高，通过亲身经历社会实践与进企业现场专业顶岗实习积累工作经验和社会经验，提高就业竞争力，从而基本具备进企入职所需的综合专业素质。

（2）课程目标。

①知识目标。

了解企业文化、企业规章制度、熟悉企业环境和社会状况；

了解企业的经营与管理流程；

强化专业知识，使专业知识在实践中得到深入的理解和巩固；

了解实践岗位工作内容、工作规范、岗位责任、工作流程。

②能力目标。

遵守企业规章制度的能力；

具备本专业对应的产品维修试验员、维修操作工、电子产品装接工等岗位的实践工作能力；

具有调研能力，具备对应专业职业岗位职业活动策划、组织执行等综合能力以及心理承受能力，积累实践工作经验；

具备专业知识与技能综合运用能力。

③素质目标。

具备良好的职业道德、规范操作意识；

具备良好的安全、质量、效益及环保意识；

具备良好的语言表达能力；

具备良好的团队合作精神；

具备良好的组织协调能力。

（3）课程教学设计。

该课程教学设计对应课程知识目标和能力目标分为四个训练项目，其教学课程内容、教学要求、评价要求和教学方法如下：

①项目一：社会调查。

教学内容：设计社会调查问卷；开展社会调查实践；撰写社会调查报告。

教学要求：设计社会调查问卷；开展社会调查，训练学生观察社会、认识社会以及提高学员分析和解决问题能力；撰写调查报告。

教学评价：过程评价（自评、互评、教师评价）；总结社会调查报告撰写质量。

教学方法：讨论法；观察法；实践操作；总结法。

②项目二：职业岗位调研。

教学内容：学习企业文化、了解企业规章制度、熟悉企业环境和社会状况；

调研企业概况、企业规章制度与行为准则，以及人才需求状况，撰写调研报告；调研本专业就业面向的职业岗位群对应的特点、职业素质与职业能力要求（职业态度与职业精神），撰写调研报告；调研电子企业人才培养通道，了解电子专业职业人才的发展通道。

教学要求：了解电子电气企业特点、企业规章制度与行为准则，以及人才需求状况，撰写调研报告；了解本专业职业岗位群对应的特点、职业素质与职业能力要求（职业态度与职业精神），撰写调研报告；了解电子专业职业人才的发展通道，撰写调研报告。

教学评价：过程评价（自评、互评、教师评价）；总结调研报告撰写质量。

教学方法：讨论法；观察法；总结法。

③项目三：专业顶岗实习培训及实践训练。

教学内容：校内动员培训；岗前培训、入场教育与安全教育；进入专业对口的电子企业从事本专业对应岗位群对应工作，完成相关企业岗位工作；训练产品维修试验员、维修操作工、电子产品装接工等职业岗位其中某一岗位综合实践能力。

教学要求：了解顶岗实习的作用和意义及顶岗实习要求；了解实习企业的基本情况，如企业管理制度、企业文化、企业主要产品及应用等；了解企业安全生产知识；熟悉企业安全生产管理制度及安全生产防护知识与技能；进入专业对口的电子企业能够从事本专业对应岗位群对应工作，完成相关企业岗位工作；能够完成产品维修试验员、维修操作工、电子产品装接工等职业岗位其中某一岗位综合实践能力。

教学评价：校内指导教师过程评价、总结撰写质量；实习单位校外指导教师综合评价。

教学方法：讨论法；讲授法；多媒体展示；演示法；观察法；实践操作；总结法。

④项目四：入职培训及真实岗位预就业顶岗。

教学内容：实习企业的基本情况，如企业管理制度、企业文化、企业主要产品及应用等；企业安全生产知识，熟悉企业安全生产管理制度及安全生产防护知识与技能；精益生产与6S管理；入职岗位专业培训；进入企业从事就业岗位对应工作，完成相关企业岗位工作；训练产品维修试验员、维修操作工、电子产品装接工等职业岗位其中某一岗位综合实践能力。

教学要求：了解实习企业的基本情况，熟悉企业管理制度、企业文化、企业主要产品及应用等；了解企业安全生产知识，熟悉企业安全生产管理制度及安全生产防护知识与技能；精益生产与 6S 管理；参加入职岗位专业培训；能够进入专业对口的电子企业从事本专业对应岗位，完成相关企业岗位工作；能够完成产品维修试验员、维修操作工、电子产品装接工等职业岗位其中某一岗位综合实践工作。

教学评价：校内指导教师过程评价、总结撰写质量；实习单位校外指导教师综合评价。

教学方法：讨论法；讲授法；多媒体展示；演示法；观察法；实践操作；总结法。

（4）课程考核。

为全面、综合地考核学生课程学习的情况，课程成绩考核由实践实习工作任务完成情况、实践实习资料撰写质量、实习工作态度等方面组成，综合评定课程成绩。

课程考核的成绩评定方案：

①考核要点。

实习任务完成情况；

实习手册填写质量；

实习总结撰写质量；

实习时间、工作态度等。

②考核办法。

实习单位校外指导教师根据实习工作期间工作态度和工作能力提出实习单位考核评价；

校内指导教师对实习手册填写质量、实习总结撰写质量、是否按学校要求认真进行实习等进行考核。

③成绩评定办法。

实习成绩＝实习单位评价成绩（50%）＋校内指导教师考核成绩（50%）

（二）课堂教学质量评价标准

课堂教学质量评价包括课堂教学质量的评价标准、具体操作方法和教学设计评价标准。课堂教学质量的评价标准主要是从教学理念、教学方法、教学设计和教学效果等方面来评价教师的教学行为和结果。

1. 应用电子技术专业课程课堂教学质量的评价标准

（1）有明确的教学目标，能体现先进的教学理念，以学生发展为本，提高学生的认识，符合课程标准。

（2）传授知识准确无误，注意开发学生智力，在教学中教授思维方法，培养和发展学生的思维能力。

（3）能较好地发挥教师的主导作用和学生的主体作用，能面向全体学生，并注重因材施教。

（4）注重选择多种科学有效的教学方法，激发学生的学习兴趣，调动学生学习的积极性，营造活跃、轻松、和谐，且学生参与率高的课堂气氛。

（5）运用多种教学手段，尤其是注重使用信息技术手段，以利于突破教学重难点，增加教学的直观性和形象性。

（6）在传授知识的同时，注意对学生进行思想品德教育，寓教育于教学活动之中，培养学生良好的学习态度和学习习惯。

（7）课堂结构完整，组织严密，层次清楚，能突出重点，突破难点，各环节衔接紧密，时间安排合理，不拖堂。

（8）及时掌握学生的学习情况，注重当堂反馈，精心设计课堂提问和练习，有一定层次区别，使不同基础的学生都能得到发展。

（9）教师仪表符合规范要求，教态亲切自然，语言简练、生动、通顺、连贯。板书设计合理，重点突出，字迹工整。

（10）教学效果良好，绝大多数学生能当堂理解并掌握所学知识，正确率较高。

（11）课堂中注意培养学生的合作意识、创新精神，加强直观教学，培养学生实践能力。教会学生提出质疑，使学生会质疑、会解题。

（12）注意教学卫生，注意学生阅读和书写的姿势，培养良好的学习卫生习惯。

2. 具体操作方法

（1）教材处理。（占 20 分）

①根据大纲、教材，能面向全体学生，提出恰当的教学目标和要求。（知识、能力非能力素质点）

②教学的度、量安排合理。

③教学重难点确定正确。

（2）教学过程。（占 60 分）

①教学环节安排自然、主次得当，并能较好地突破难点。

②传授知识清楚正确，注重迁移反馈，注重知识的巩固。

③体现出对学生智力（如创造力、思维力、想象力等）的培养。

④引导学生掌握学习方法，培养学习习惯。

⑤德、美诸方面能科学有机地渗透，注重学生的兴趣、情趣、意志等非智力因素的培养。

⑥课堂气氛活跃，学生的情感体验积极，师生关系和谐、平等。

⑦学生主动参与（提问、回答、演练等）率较高。

⑧课堂上有较多的时间让学生动手、动口、动脑。

⑨直观教学（包括多媒体教学）手段运用恰当。

⑩教学情态自然、亲切；语言表述规范、简练，富有趣味性和艺术性；板书工整，设计科学合理；操作正确规范。

（3）教学效果。（占 20 分）

①完成教学任务，各类学生达到既定要求。

②完成作业（口头、书面、操作）正确率高。

参考文献

[1] 邓泽民，陈庆合．职业教育课程设计［M］．北京：中国铁道出版社，2006.

[2] 邓泽民，赵沛．职业教育教学设计［M］．北京：中国铁道出版社，2006.

[3] 李方．教育知识与能力［M］．北京：高等教育出版社，2011.

[4] T. 胡森，T. N. 波斯尔斯韦特．职业技术教育［M］．张斌贤，等译．重庆：西南师范大学出版社，2011.

[5] 徐宏伟．职业教育根本问题新探［M］．北京：社会科学文献出版社，2019.

[6] 河南省职业技术教育教学研究室．中等职业学校专业教师教学能力提升［M］．北京：北京师范大学出版社，2018.

[7] 荣艳红．美国联邦职业技术教育立法制度发展历程研究［M］．北京：科学出版社，2014.

[8] 蔡代平，陈军科．现代职业教育学概论［M］．西安：西北大学出版社，2015.

[9] 马建富．职业教育学［M］．2 版．上海：华东师范大学出版社，2015.

[10] 徐国庆．职业教育项目课程：原理与开发［M］．上海：华东师范大学出版社，2016.

[11] 林宁，左慧琴，李伟娟，等．职业教育学［M］．北京：清华大学出版社，2019.

[12] 李向东，卢双盈．职业教育学新编［M］．3 版．北京：高等教育出版社，2015.

后　记

　　"应用电子技术专业教学法"是为培养中等职业学校教师，针对应用电子技术教育专业的学生而开设的一门专业必修课。通过学习这门课程，学生理解并掌握中等职业学校应用电子技术专业课程教学的目的和要求、教学的特点、教学的基本过程、教学规律和主要方法，初步具备分析课程标准（教学大纲）和教科书、备课和组织教学活动的能力。课程内容分为八章，每章都有课堂教学（理论学习为主）和实践教学（课堂拓展—学生实践训练）两部分，从专业教学标准、专业课程体系、专业教材、专业教学资源开发等方面为教学设计做准备，以专业教学方法、教学设计、教学组织、教学评价为具体实施过程，形成一个带反馈的闭环环节，体现的是一个系统工程结构。

　　本教材注重学生实践能力和创新意识的培养，较好地落实了能力为重、以人为本的职教师资培养理念，是一本面向本科职教师资培养的应用电子技术专业教学法教材。其中第一、二、三章由汪鲁才编写，第四章由孙静晶编写，第五、六章由谢枚宏编写，第七、八章由胡钉编写，由汪鲁才最后统稿。

　　本教材在出版过程中，得到湖南师范大学出版社各位领导和编辑们的热心支持与帮助，在此表示衷心的感谢！

汪鲁才

2020 年 7 月 30 日